U0220957

中国秦岭 外来入侵植物图鉴

Illustrated Handbook of Alien Invasive Plants in Qinling Mountains, China

王宇超　周亚福　**主　编**

寻路路　卢　元　**副主编**

中国出版集团有限公司

世界图书出版公司
西安　北京　上海　广州

图书在版编目（CIP）数据

中国秦岭外来入侵植物图鉴 / 王宇超，周亚福主编；寻路路，卢元副主编 . —西安：世界图书出版西安有限公司，2023.4

ISBN 978-7-5232-0196-1

Ⅰ . ①中⋯　Ⅱ . ①王⋯　②周⋯　③寻⋯　④卢⋯
Ⅲ . ①秦岭—外来入侵植物—图谱　Ⅳ . ① Q948.52-64

中国版本图书馆 CIP 数据核字 (2023) 第 047920 号

中国秦岭外来入侵植物图鉴
ZHONGGUO QINLING WAILAI RUQIN ZHIWU TUJIAN

主　　编	王宇超　周亚福
副 主 编	寻路路　卢 元
策　　划	王 冰
责任编辑	王 冰
封面设计	诗风文化
出版发行	世界图书出版西安有限公司
地　　址	西安市雁塔区曲江新区汇新路 355 号
邮　　编	710061
电　　话	029-87233647（市场部）　029-87234767（总编室）
网　　址	http://www.wpcxa.com
邮　　箱	xast@wpcxa.com
经　　销	新华书店
印　　刷	陕西龙山海天艺术印务有限公司
开　　本	185mm×260mm　1/16
印　　张	18.25
字　　数	300 千字
版次印次	2023 年 4 月第 1 版　2023 年 4 月第 1 次印刷
国际书号	ISBN 978-7-5232-0196-1
定　　价	198.00 元

《中国秦岭外来入侵植物图鉴》
编委会

序 一

　　秦岭是中国南北气候、生物、水系、土壤和地质等自然地理要素的天然分界线，也是"天然中药库"和"生物基因库"。秦岭对于中华文明的繁衍和发展也做出了不可替代的贡献，被誉为"中华祖脉"。秦岭是南水北调中线工程的主要水源涵养区，对京津冀经济社会的可持续发展具有十分重要的战略意义。秦岭植物种类繁多，且特有程度较高，区系成分复杂，是全球三十四个生物多样性最为丰富的区域之一。因此，保护好秦岭的生态环境，既关乎秦岭周边区域和京津冀经济圈的可持续发展，也关乎国家生态安全的大格局。

　　随着全球经济的迅速发展，频繁的国际贸易和国际旅行等活动成为外来入侵生物传播和扩散的主要驱动力，外来物种入侵的数量和种类在全球范围内呈现急剧增长的趋势。外来物种成功侵入一个新的环境，没有构成新的食物链，缺乏天敌的制约，在短期内种群快速发展，导致受体生态系统结构发生巨大变化，原生生态系统失衡，生态系统服务功能丧失。例如，美国境内的家猫入侵每年造成63亿至223亿只哺乳动物、13亿至40亿只鸟类死亡。从1960年到2020年，美国入侵物种造成的损害累计可达4.52万亿美元。1970年至2007年，欧洲外来入侵物种的数量增加了76%。日本虎杖入侵英国100多年来，给英国造成极大的生态灾难，2012年伦敦奥运会体育馆清理虎杖耗资高达7000多万英镑。

　　近年来，中国外来入侵物种数量逐年攀升。截至2020年初《中国生态环境状况公报》中指出，全国已发现660多种外来入侵物种。在世界自然保护联盟（IUCN）公布的全球100种最具威胁的外来物种中，中国已有50余种。据保守估计，外来入侵生物每年给我国造成数千亿元的经济损失。例如，长芒苋是一种扩散性极强的杂草，生长极快，每株可产种子近百万粒，可导致大豆、玉米减产60%—80%。此外，长芒苋具有独特的抗除草剂特性，以及易于种间杂交的特性，所以还会有出现"超级杂草"的潜在风险。加拿大一枝黄花侵入苏、浙、闽等地，成为疯长的杂草；"福寿螺"已成为广东、广西、上海、云南、江苏等地难以控制的外来入侵物种；美国白蛾自1979年侵入中国大陆特别是华北地区后，因其适应性强、食性杂且专食植物叶子，危害300多种植物（大部分是农作物、经济林和生态林种类），严重威胁原来植物群落的生态平衡，使农林业经济遭受重大损失，仅国家投入的防治费用累计过千亿元。可以说，外来入侵生物已经成为我国当前农林生产安全的重大威胁，成为生态退化和生物多样性丧失的重要杀手。

进入21世纪以来，秦岭交通条件越来越便利，周边地区城镇化的快速推进，为外来物种入侵创造了优渥的条件。加之无序放生等活动也使外来物种入侵加剧。外来物种入侵已成为秦岭面临的一个重要生态问题。外来物种入侵不仅破坏原有生态系统的结构，还严重影响本土物种生存空间，威胁整个秦岭生态安全。2022年，我牵头成功申请了"陕西省秦岭生态安全重点实验室"，外来入侵物种与有害生物防控就是其中一个重要研究方向。

开展外来入侵物种防控的前提和基础就是摸清入侵生物种类、分布等本底资料。陕西省西安植物园（陕西省植物研究所）的王宇超等科研人员通过开展外来入侵植物调查和采集标本，历时两年时间考订了《中国秦岭外来入侵植物图鉴》一书。本书共收录外来入侵植物131种（含种下等级），隶属33个科，87个属，其中陕西省新记录种7种。殷切希望该书的出版能为秦岭生态保护从业人员甄别外来物种，以及防控外来物种危害起到一定的参考作用。

中国科学院西安分院 陕西省科学院

2023年1月

序 二

近年来，外来入侵植物的工作在中国各地陆续展开，不仅有文章报道，还涌现出各类有关的出版物，这应该是一个很好的事情。一方面，通过专业人士梳理，能够弄清楚很多物种的实质，以及这些物种进入当地的具体情况、产生的危害及危害程度；另一方面，这些图文并茂的相关专著的出版，对于未来的进一步研究以及科学普及等都十分重要！更重要的是中国地理范围广阔，而且不同地区的入侵物种类群以及入侵程度都有很大不同；加之专业人员有限，基层工作者乃至业余爱好者和普通大众都非常急需这样的工作。而全国各地的工作汇集起来，对于国家在这方面的基本资料积累极为重要。

《中国秦岭外来入侵植物图鉴》共收录外来入侵植物 131 种（含种下等级），隶属 33 科 87 属（其中包括陕西省新记录种 7 种）。全书共有照片 650 余幅，包括生境以及植物形态特征局部的照片。书中科的范围和排列，裸子植物部分参考克里斯滕许斯系统，被子植物部分参考被子植物系统发育研究组（APG）系统。本书关于物种形态部分主要参照《中国植物志》和《秦岭植物志》的相关描述，物种的界定基本遵循《中国植物志》的分类观点，对于《中国植物志》未收录物种，参考《中国外来入侵植物志》和《中国外来入侵植物名录》等著作。本书收录的每一个物种均有详细的学名、中文名（别名）、形态特征、原产地、地理分布（中国及秦岭分布）、生境及危害，还配有彩色图版。

众所周知，秦岭不仅仅是国家南北的地理分界线，更是重要的生物资源保存地，不仅有中国独特的生物资源，更是诸多国家级自然保护区的所在地！这样的本底性工作目前还没有得到重视，但的确十分重要。作为从事这一领域的工作者，很高兴看到这样的出版物面世，并感谢作者们的努力与付出；同时希望这样的工作不仅在未来的时间里能够得到重视，更重要的是显示并发挥其应有的作用！

祝贺作者们！

是为序。

国家植物园（北园，原北京市植物园）

2023 年 2 月

前　言

随着人类文明的高度发展和人类活动的不断加剧，绝对封闭的地域概念被全球经济一体化、国际贸易、现代先进交通所打破，随之而来的外来物种入侵已成为全球性环境问题。外来物种被人为引入本土后，在新的栖息地天敌少，呈现出较强的生存能力，种群迅速蔓延，极易造成难以控制的爆发性增长，甚至取代本地物种，改变当地生态结构，对当地生物多样性造成严重威胁。目前国际社会已经把外来物种入侵、栖息地丧失、传统化学污染及气候变化共同列为当今全球四大环境问题。自 20 世纪 90 年代开始，外来物种入侵给我国带来的生物安全问题逐渐浮出水面并且愈演愈烈。当前我国有外来入侵物种 660 余种，其中植物类数量高达 500 余种。植物入侵严重威胁生态系统结构与稳定性，损害农林牧渔业可持续发展，导致生物多样性降低，已经引起世界各国的高度重视。

秦岭素有"南北植物荟萃、南北生物物种库"之美誉，也是全球生物多样性热点地区、中国生物多样性关键地区之一。同时，秦岭为我国重要的生态安全屏障和南水北调中线工程的水源地，在调节气候、保持水土、涵养水源、维护生物多样性等方面有着非常重要的生态功能。目前，秦岭地区有种子植物 3800 余种，列入国家和陕西省地方重点保护的野生植物 227 种，其中国家一级重点保护植物 7 种，国家二级重点保护植物 68 种，陕西省地方重点保护植物 152 种。但是，随着城镇化和经济的快速发展，城市规模不断扩大，人口不断增长，频繁的人类活动和贸易往来给秦岭原有生态系统带来较大压力，尤其是外来入侵植物的定殖。这些入侵植物到底有多少种，会对当地生态系统造成怎样影响，目前还没有一个全面和详细的记载。缺乏对秦岭地区外来入侵植物全面和系统的认知，也为秦岭生物多样性保护埋下"安全隐患"。

为了全面反映秦岭外来入侵植物种类以及分布现状，陕西省西安植物园（陕西省植物研究所）科研人员在多年秦岭植物资源野外调查、标本采集、鉴定等研究工作的基础上，系统整理现有调查研究数据和资料，并对标本、资料逐一进行考订、查证，编写了《中国秦岭外来入侵植物图鉴》一书。

本书共收录了外来入侵植物 131 种（含种下等级），隶属 33 个科，87 个属，其中陕西省新记录种 7 种。同时根据这些外来入侵植物分布状态，本书将 131 种外来入侵植物分为两部分：第一部分为外来入侵种（84种），该部分物种分布较为广泛，较易形成单一优势种群或者该物种已经在国内其他地域形成入侵灾害；第二部分为待观察种（47种），该部分物种在秦岭地区已经逸生，但分布较为零星，对生态环境未形成明显危害。全书共有照片650余幅，包括生境照片和植物形态特征局部照片。书中科的范围和排列，裸子植物部分参考克里斯滕许斯系统，被子植物部分参考被子植物系统发育研究组系统第四版（APG IV）。本书关于物种形态部分主要参照《中国植物志》和《秦岭植物志》相关描述，物种的界定基本遵循《中国植物志》分类观点，对于《中国植物志》未收录物种，参考《中国外来入侵植物志》《中国外来入侵植物名录》等著作。

本书编写过程中，得到陕西省西安植物园（陕西省植物研究所）岳明教授、陕西省自然保护区与野生动植物管理站王伟峰站长和刘广振副站长的关心和支持，他们对编写内容提出了许多宝贵的指导意见。同时，也非常感谢陕西省科学院副院长陈怡平研究员和国家植物园（北园）首席科学家马金双博士在百忙之中为本书作序。

本书的编写，得到了陕西省科学院科学研究专项（2020K-05）、陕西省林业科学院科技创新计划专项（SXLK2020-0203）、2022年省级林业改革发展资金以及陕西省重点研发计划（2021SF-490）等项目的资助，编写过程中还得到陕西省科学院、陕西省林业局、陕西省环境科学研究院以及各市县林业局、自然保护区、森林公园等单位的支持和帮助，在此我们致以诚挚的谢意，并向为本书物种调查、标本考订、文献资料查证做出贡献的有关专家和支持这一工作的同仁，表示衷心的感谢。

我们希望本书能够系统地反映秦岭外来入侵植物分布种类，为秦岭外来入侵植物相关研究提供本底资料，但由于编者水平有限，书中难免有疏漏和不妥之处，敬请广大读者批评指正。

本书编委会
2023 年 2 月

凡 例

一、《中国秦岭外来入侵植物图鉴》记录中国秦岭地区外来入侵植物的主要形态特征，反映其原产地、中国分布以及秦岭分布和生境，并简述其主要危害和经济价值。全书收载131种（含种下单位）秦岭地区外来入侵植物种类，附彩色图片650余幅。

二、本书以植物的系统分类位置为编排主线，包括裸子植物和被子植物。书中科的范围和排列，裸子植物部分参考克里斯滕许斯系统，被子植物部分参考被子植物系统发育研究组系统第四版（APG IV）。

三、本书所载秦岭外来入侵植物，每种植物配有能反映其形态特征和生长环境的彩色图版，并配有植物的中文名、学名、别名、所属科属，以及其原产地、中国分布、秦岭分布、主要危害、经济价值等叙述。

中文名和学名　以《中国生物物种名录》（2022年度版）为准。

别名　系指上述中文名外，该植物在秦岭地区有代表性的名称及广泛使用的俗名。

所属科属　物种所属的科参考被子植物系统发育研究组系统第四版（APG IV），所属的属参考《中国植物志》及相关的最新研究成果。

主要形态特征　其描述主要参考《中国植物志》《秦岭植物志》《陕西植物志》《中国外来入侵植物志》等。

原产地　记述该植物自然条件下的原分布地。

中国分布　记述该植物在中国的分布区域，主要参考《中国植物志》《中国外来入侵植物名录》《中国外来入侵植物志》。

秦岭分布　记述该植物在秦岭山地的分布区域，主要以《秦岭植物志》《陕西维管植物名录》《陕西植物志》和近年来发表的最新研究成果，以及编写团队近些年野外实地调查结果为依据。

生境　主要记述该植物在秦岭地区的生长环境。

主要危害　参考《中国外来入侵植物志》及相关研究进展。

经济价值　简要概述了该植物的开发和利用价值。若该植物有多种用途时，在该项中简要介绍其用途。

四、陕西省新记录种以"●●●"进行标注。

五、本书图版中展示的植物图片采用英文名缩写的形式进行标记，具体如下表：

英文名缩写	英文名	中文名
A	Aculeus	皮刺
Ar	Adventitious root	不定根
B	Blade	叶片
Bl	Basal leaf	基生叶
C	Cone	球果
Ch	Capitate hair	头状腺毛
Co	Corm	球茎
Fl	Flower	花
Fr	Fruit	果实
G	Glume	颖片
H	Habitat	生境
I	Inflorescence	花序
In	Infructescence	果序
L	Leaf	叶
La	Latex	乳汁
Li	Ligule	叶舌
Ls	Leaf sheath	叶鞘
Lt	Leaf tendril	叶卷须
N	Node	节
O	Ovary	子房
P	Petiole	叶柄
Pa	Palea	内稃
Pb	Plant body	植物体
Pe	Pericarp	果皮
Pi	Pistil	雌蕊
R	Root	根
Ra	Rachis	叶轴
S	Stem	茎
Se	Seed	种子
Sep	Sepal	萼片
Sl	Stem leaf	茎生叶
Sp	Spikelet	小穗
St	Stem tendril	茎卷须
Sti	Stigma	柱头
ST	Stipule	托叶
Sta	Stamen	雄蕊
Tu	Tuber	块茎

六、本书使用的度、量、衡单位一律为国家公布的法定计量单位。

七、本书收载的秦岭外来入侵植物涵盖绝大多数在秦岭地区有入侵潜力或有逸生记录的物种。

八、本书收载的植物均附中文名和学名索引，供广大读者查阅。

目　录

下篇　待观察种

上　篇

外来入侵种

凤眼莲

Eichhornia crassipes (Mart.) Solms
水葫芦、凤眼蓝
雨久花科（Pontederiaceae Kunth）凤眼莲属（*Eichhornia* Kunth）

【主要形态特征】浮水草本。须根发达。茎极短，具长匍匐枝，与母株分离后长成新植物。叶基部丛生，圆形，宽卵形或宽菱形；叶柄中部膨大成囊状或纺锤形，内有许多多边形柱状细胞组成的气室；叶柄基部有鞘状苞片，薄而半透明。穗状花序常具9—12朵花；花被裂片6枚，花瓣状，紫蓝色；雄蕊6枚，贴生于花被筒上，3长3短；花丝上有腺毛，顶端膨大；花药箭形，2室，纵裂；子房上位，中轴胎座，胚珠多数；花柱1，伸出花被筒的部分有腺毛；柱头上密生腺毛。蒴果卵形。花期7—10月，果期8—11月。

【原产地】巴西。

【中国分布】广布于长江、黄河流域及华南各省。

【秦岭分布】秦岭南北坡均有栽培，偶见逸生。

【生境】生于水塘、沟渠、河道、湖泊、湿地等。

【主要危害】快速占领水面，严重破坏水体生态环境。

【经济价值】全株可供药用。

P

Fl

H

节节麦

Aegilops tauschii Coss.

禾本科（Poaceae Barnhart）山羊草属（*Aegilops* L.）

【主要形态特征】秆高 20—40 厘米。叶鞘紧密包茎，平滑无毛而边缘具纤毛；叶舌薄膜质；叶片微粗糙，上面疏生柔毛。穗状花序圆柱形；小穗圆柱形；颖革质，通常具 7—9 脉，顶端截平或有微齿；外稃披针形，顶具长约 1 厘米的芒，穗顶部者长达 4 厘米，具 5 脉，脉仅于顶端显著，第一外稃长约 7 毫米；内稃与外稃等长，脊上具纤毛。花果期 5—6 月。

【原产地】西亚、高加索地区、中亚和南亚。

【中国分布】安徽、北京、重庆、河南、河北、江苏、内蒙古、陕西、山西、山东、四川、新疆。

【秦岭分布】秦岭南北坡浅山区有分布。

【生境】生于荒坡及田间道路两侧等。

【主要危害】危害田间农作物。

【经济价值】可作为牧草。

Ls

Fl

G

I

野燕麦

Avena fatua L.
燕麦草、乌麦
禾本科（Poaceae Barnhart）燕麦属（*Avena* L.）

【主要形态特征】一年生草本。须根较坚韧。秆直立，光滑无毛。叶鞘松弛，光滑或基部者被微毛；叶舌透明膜质；叶片扁平，微粗糙，或上面和边缘疏生柔毛。圆锥花序开展，分枝具棱角，粗糙；小穗含 2—3 小花，其柄弯曲下垂，顶端膨胀；小穗轴密生淡棕色或白色硬毛；颖草质，几相等，通常具 9 脉；外稃质地坚硬，第一外稃背面中部以下具淡棕色或白色硬毛，芒自稃体中部稍下处伸出。颖果被淡棕色柔毛，腹面具纵沟。花果期 4—9 月。

【原产地】欧洲南部、中亚及亚洲西南部。

【中国分布】广布于南北各省。

【秦岭分布】秦岭南北坡广泛分布。

【生境】生于荒山草坡、田间以及道路两侧。

【主要危害】常为小麦田间杂草，使小麦的质量降低，也是小麦黄矮病寄主。

【经济价值】全草可供药用。

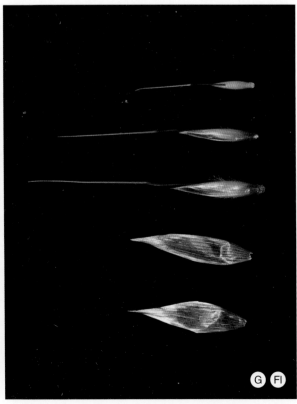

光稃野燕麦

光轴野燕麦

Avena fatua var. *glabrata* Peterm.

禾本科（Poaceae Barnhart）燕麦属（*Avena* L.）

【主要形态特征】与 *Avena fatua* var. *fatua* 主要区别在于：外稃光滑无毛。其他性状、花果期、用途均似原变种。与 *Avena fatua* var. *mollis* 主要区别在于：小穗较大，长 18—25 毫米；小穗轴节间密生淡棕色或白色硬毛。

【原产地】欧洲、亚洲、北非。

【中国分布】产于南北各省。

【秦岭分布】秦岭浅山区均有分布。

【生境】生于山坡草地、路旁及农田中。

【主要危害】成片分布，影响本土物种生长和更新。

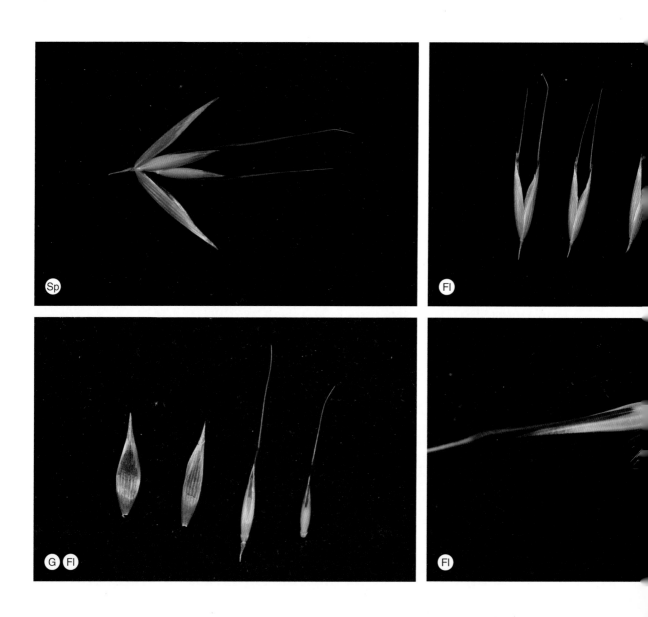

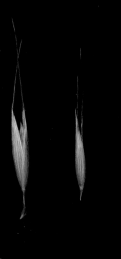

扁穗雀麦

Bromus catharticus Vahl.
大扁雀麦
禾本科（Poaceae Barnhart）雀麦属（*Bromus* L.）

【主要形态特征】一年生草本。秆直立。叶鞘闭合，被柔毛；叶舌具缺刻；叶片散生柔毛。圆锥花序开展，具1—3枚大型小穗；小穗两侧极压扁；颖窄披针形，第一颖具7脉，第二颖稍具7—11脉；外稃长，具11脉，沿脉粗糙，顶端具芒尖，基盘钝圆，无毛；内稃窄小，长约为外稃的1/2，两脊生纤毛；雄蕊3。颖果与内稃贴生，胚比1/7，顶端具毛茸。花果期春季5月和秋季9月。

【原产地】南美洲。

【中国分布】中国东北、华北、华中、华东、西北及西南的多个省份有引种或逸生。

【秦岭分布】秦岭南北坡均有分布。

【生境】生于山坡荫蔽处、林下、荒坡等。

【主要危害】侵占其他草本植物的生存空间，与当地物种产生较大竞争。

【经济价值】可作为牧草。

多花黑麦草

Lolium multiflorum Lam.
意大利黑麦草
禾本科（Poacea Barnhart）黑麦草属（*Lolium* L.）

【主要形态特征】一年生，越年生或短期多年生草本。秆直立或基部偃卧节上生根。叶鞘疏松；叶舌有时具叶耳；叶片扁平，无毛，上面微粗糙。穗形总状花序直立或弯曲；穗轴柔软，节间无毛，上面微粗糙；小穗含 10—15 小花；小穗轴节间平滑无毛；颖披针形，质地较硬，具 5—7 脉；外稃长圆状披针形，基盘小；内稃约与外稃等长，脊上具纤毛。颖果长圆形，长为宽的 3 倍。花果期 7—8 月。

【原产地】欧洲、非洲、亚洲。

【中国分布】产于安徽、福建、河南、内蒙古、台湾、新疆、陕西、河北、湖南、贵州、云南、四川、江西等地，栽培或逸生。

【秦岭分布】秦岭南北坡均有栽培或逸生。

【生境】生在路旁或荒地。

【主要危害】侵占其他草本植物的生存空间，与当地物种产生较大竞争。

【经济价值】多用作优良牧草。

黑麦草

Lolium perenne L.
多年生黑麦草、宿根毒麦、英国黑麦草
禾本科（Poaceae Barnhart）黑麦草属（*Lolium* L.）

Ⓗ

【主要形态特征】多年生草本。具细弱根状茎。秆丛生，具3—4节，质软，基部节上生根。叶舌长约2毫米；叶片线形，柔软，具微毛，有时具叶耳。穗状花序直立或稍弯；小穗轴节间平滑无毛；颖披针形，为其小穗长的1/3，具5脉，边缘狭膜质；外稃长圆形，具5脉，平滑，基盘明显；第一外稃长约7毫米；内稃与外稃等长，两脊生短纤毛。颖果长约为宽的3倍。花果期5—7月。

【原产地】欧洲、非洲及亚洲。

【中国分布】全国各地均有引种或逸生。

【秦岭分布】秦岭南北坡均有引种栽培，常见逸生。

【生境】生于草甸草场，路旁湿地常见。

【主要危害】侵占其他草本植物的生存空间，与当地物种产生较大竞争。

【经济价值】多用作牧草或草坪草。

毒麦

Lolium temulentum L.
一年生黑麦草
禾本科（Poaceae Barnhart）黑麦草属（*Lolium* L.）

【主要形态特征】一年生草本。秆成疏丛，具3—5节，无毛。叶鞘长于其节间，疏松；叶片扁平，质地较薄，无毛。穗形总状花序；穗轴增厚，质硬，节间无毛；小穗含4—10小花；小穗轴节间平滑无毛；颖较宽大，与其小穗近等长，质地硬，5—9脉，具狭膜质边缘；外稃长椭圆形至卵形，具5脉；内稃约等长于外稃，脊上具微小纤毛。颖果长为其宽的2—3倍。花果期6—7月。

【原产地】欧洲。

【中国分布】历史上曾广泛分布，除香港、台湾、澳门和海南之外，其他地区均曾发现过，现分布区已经较少。

【秦岭分布】周至、长安等地偶见。

【生境】多生于山坡、路旁和田野中。

【主要危害】生于麦田中，影响麦子产量和质量；产生毒麦碱，人畜误食后可引起中毒。

双穗雀稗

Paspalum distichum L.
游水筋、双耳草
禾本科（Poaceae Barnhart）雀稗属（*Paspalum* L.）

【主要形态特征】多年生草本。匍匐茎横走、粗壮，长达1米，向上直立部分高20—40厘米，节生柔毛。叶鞘短于节间，背部具脊，边缘或上部被柔毛；叶舌无毛；叶片披针形，无毛。总状花序2枚对连；小穗倒卵状长圆形，长约3毫米，顶端尖，疏生微柔毛；第一颖退化或微小；第二颖贴生柔毛，具明显的中脉；第一外稃具3—5脉，通常无毛，顶端尖；第二外稃草质，等长于小穗，被毛。

【原产地】美洲。

【中国分布】产于安徽、福建、兰州、河南、香港、山东、四川、浙江、陕西、江苏、台湾、湖北、湖南、云南、广西、海南等。

【秦岭分布】渭滨、汉台、丹凤、石泉、略阳等地均有分布。

【生境】喜水湿环境，生于路边荒地、草地、水沟旁、河岸、湖边。

【主要危害】造成局部作物减产，严重危害湿地生态环境。

【经济价值】作为优良牧草。

刺果毛茛

Ranunculus muricatus L.
野芹菜、刺果小毛茛
毛茛科（Ranunculaceae Juss.）毛茛属（Ranunculus L.）

【主要形态特征】一年生草本。须根扭转伸长。茎高 10—30 厘米，自基部多分枝，倾斜上升，近无毛。基生叶和茎生叶均有长柄；叶片近圆形，长及宽为 2—5 厘米，顶端钝，基部截形或稍心形，3 中裂至 3 深裂，裂片宽卵状楔形，边缘有缺刻状浅裂或粗齿，通常无毛；叶柄长 2—6 厘米，无毛或边缘疏生柔毛，基部有膜质宽鞘。上部叶较小，叶柄较短。花多，直径 1—2 厘米；花梗与叶对生，散生柔毛；萼片长椭圆形，长 5—6 毫米，带膜质，或有柔毛；花瓣 5，狭倒卵形，长 5—10 毫米，顶端圆，基部狭窄成爪，蜜槽上有小鳞片；花药长圆形，长约 2 毫米；花托疏生柔毛。聚合果球形，直径达 1.5 厘米；瘦果扁平，椭圆形，长约 5 毫米，宽约 3 毫米，为厚的 5 倍以上，周围有宽约 0.4 毫米的棱翼，两面各生有一圈 10 多枚刺，刺直伸或钩曲，有疣基，喙基部宽厚，顶端稍弯，长达 2 毫米。花果期 4 月至 6 月。

【原产地】欧洲、西亚。

【中国分布】分布于安徽、河南、湖北、江苏、浙江、陕西、广西、上海等地。

【秦岭分布】长安、鄠邑等地。

【生境】生于田野道旁的杂草丛中。

【主要危害】有毒杂草，影响农业及林业生产活动，降低原生植被多样性。

【经济价值】全草可供药用。

紫穗槐

Amorpha fruticosa L.
紫槐、棉槐
豆科（Fabaceae Lindl.）紫穗槐属（*Amorpha* L.）

Se

【主要形态特征】落叶灌木，高 1—4 米。小枝灰褐色，嫩枝密被短柔毛。叶互生，奇数羽状复叶，长 10—15 厘米，小叶 11—25 片，基部有线形托叶；小叶卵形或椭圆形，先端圆形，锐尖或微凹，有一短而弯曲的尖刺，下面有白色短柔毛，具黑色腺点。穗状花序常 1 个至数个顶生和枝端腋生，密被短柔毛；花有短梗；苞片长 3—4 毫米；花萼长 2—3 毫米，萼齿较萼筒短；旗瓣心形，紫色，无翼瓣和龙骨瓣；雄蕊 10，下部合生成鞘，上部分裂，伸出花冠外。荚果下垂，长 6—10 毫米，宽 2—3 毫米，顶端具小尖，棕褐色，表面有凸起的疣状腺点。花果期 5—10 月。

【原产地】美国东北部及东南部。

【中国分布】东北、华北、西北及山东、安徽、江苏、河南、湖北、广西、四川等均有栽培或逸生。

【秦岭分布】秦岭南北坡均有栽培，长安、临渭、渭滨、鄠邑等地均有逸生。

【生境】生于路边、荒地、山坡或河滩等。

【主要危害】较易形成单一种群，影响生物多样性。

【经济价值】花蜜量大，可作蜜源植物。枝叶作绿肥、家畜饲料，茎皮可提取栲胶。

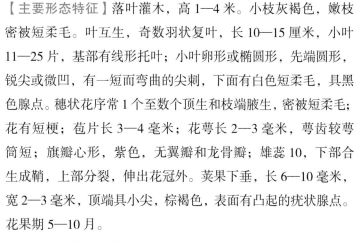

Fl

I

绣球小冠花

Coronilla varia L.
小冠花
豆科（Fabaceae Lindl.）小冠花属（*Coronilla* L.）

【主要形态特征】多年生草本。茎直立，粗壮，多分枝，疏展，高 50—100 厘米。奇数羽状复叶，具小叶 11—25；托叶小，膜质，披针形；小叶薄纸质，椭圆形或长圆形，长 15—25 毫米，宽 4—8 毫米。伞形花序腋生，比叶短；总花梗长约 5 厘米，疏生小刺，花 5—20 朵，密集排列成绣球状；花萼膜质，萼齿短于萼管；花冠紫色、淡红色或白色，有明显紫色条纹，长 8—12 毫米，旗瓣近圆形，翼瓣近长圆形；龙骨瓣先端成喙状。荚果细长圆柱形，稍扁，具 4 棱，先端有宿存的喙状花柱，各荚节有种子 1 颗；种子长圆状倒卵形，光滑，黄褐色。花期 6—7 月，果期 8—9 月。

【原产地】欧洲至地中海地区。

【中国分布】北京、吉林、江苏、辽宁、陕西。

【秦岭分布】秦岭南北坡均有栽培或逸生。

【生境】生于干旱丘陵、土石山坡、国道两侧等。

【主要危害】较易形成单一优势种群，侵占其他植物生存空间，影响生物多样性。

【经济价值】花紫红色，艳丽，可作花卉植物。除供观赏外，还可作药用。

Fr

Se

H

白花草木犀

Melilotus albus Desr.
白香草木犀
豆科（Fabaceae Lindl.）草木犀属（*Melilotus* (L.) Mill.）

【主要形态特征】一年生或二年生草本，高 70—200 厘米。茎直立，圆柱形，中空，多分枝。羽状三出复叶；托叶尖刺状锥形；小叶长圆形或倒披针状长圆形，长 15—30 厘米，宽 6—12 毫米，先端钝圆，边缘疏生浅锯齿，上面无毛，下面被细柔毛。总状花序腋生，长 9—20 厘米，具花 40—100 朵，排列疏松；萼钟形，微被柔毛；花冠白色，旗瓣椭圆形，稍长于翼瓣，龙骨瓣与翼瓣等长或稍短。荚果椭圆形至长圆形，长 3—3.5 毫米。种子卵形，棕色，表面具细瘤点。花期 5—7 月，果期 7—9 月。

【原产地】西亚至南欧。

【中国分布】产于东北、华北、西北及西南各地。

【秦岭分布】秦岭南北坡均有栽培，常见逸生。

【生境】生于田边、路旁荒地及河滩。

【主要危害】侵占其他草本植物的生存空间，与当地物种产生较大竞争。

【经济价值】作为优良的植物饲料与绿肥。

草木犀

Melilotus officinalis (L.) Lam.
黄香草木犀、辟汗草
豆科（Fabaceae Lindl.）草木犀属（*Melilotus* (L.) Mill.）

【主要形态特征】二年生草本，高40—250厘米。茎直立，粗壮，多分枝，具纵棱，微被柔毛。羽状三出复叶；托叶镰状线形；小叶倒卵形、阔卵形、倒披针形至线形，长15—25毫米，宽5—15毫米，先端钝圆或截形，边缘具不整齐疏浅齿，上面无毛，粗糙，下面散生短柔毛。总状花序长可达20厘米，腋生，具花30—70朵；萼钟形，脉纹5条，甚清晰；花冠黄色，旗瓣倒卵形，与翼瓣近等长，龙骨瓣稍短或三者均近等长；雄蕊筒在花后常宿存包于果外。荚果卵形，长3—5毫米，宽约2毫米。种子卵形，黄褐色，平滑。花期5—9月，果期6—10月。

【原产地】西亚至南欧。

【中国分布】中国多数省份均有引种栽培或逸生。

【秦岭分布】秦岭南北坡广泛分布。

【生境】生于山坡、河岸、路旁、砂质草地及林缘。

【主要危害】较易形成优势种群，影响本土植物生长以及更新。

【经济价值】可供药用，也可作牧草。

刺槐

Robinia pseudoacacia L.
洋槐
豆科（Fabaceae Lindl.）刺槐属（*Robinia* L.）

【主要形态特征】落叶乔木，高 10—25 米。树皮灰褐色至黑褐色，浅裂至深纵裂，稀光滑。小枝灰褐色，幼时有棱脊，微被毛，后无毛；具托叶刺，长达 2 厘米。羽状复叶长 10—40 厘米；叶轴上面具沟槽；小叶常对生，椭圆形、长椭圆形或卵形，小托叶针芒状。总状花序，腋生，长10—20 厘米；花萼斜钟状，长 7—9 毫米，萼齿 5，三角形至卵状三角形，密被柔毛；花冠白色，各瓣均具瓣柄，旗瓣近圆形，先端凹缺，基部圆，反折，内有黄斑，翼瓣斜倒卵形，与旗瓣几等长，龙骨瓣镰状，三角形，与翼瓣等长或稍短；雄蕊二体，对旗瓣的 1 枚分离；子房线形。荚果褐色，扁平，先端上弯，具尖头，果颈短，沿腹缝线具狭翅；花萼宿存；种子褐色至黑褐色，微具光泽，

近肾形。花期4—6月，果期8—9月。

【原产地】北美洲。

【中国分布】全国各地广泛栽植。

【秦岭分布】秦岭南北坡均有栽培，常有逸生。

【生境】多生于山坡和路旁。

【主要危害】较易形成纯林，影响其他植物生长与更新。

【经济价值】刺槐木材材质硬重、抗腐耐磨，宜作枕木、车辆、建筑、矿柱等多种用材。

红车轴草

Trifolium pratense L.
红三叶
豆科（Fabaceae Lindl.）车轴草属（*Trifolium* L.）

【主要形态特征】多年生草本，生长期 2—9 年。主根深入土层达 1 米。茎粗壮，具纵棱，直立或平卧上升。掌状三出复叶；托叶膜质，基部抱茎；叶柄较长；小叶卵状椭圆形至倒卵形，长 1.5—5 厘米，宽 1—2 厘米，先端钝，有时微凹，两面疏生褐色长柔毛，叶面上常有 "V" 字形白斑。花序球状或卵状，顶生，具花 30—70 朵，密集；萼钟形，被长柔毛，萼齿最下方 1 齿比其余萼齿长 1 倍，萼喉开张，具一多毛的加厚环；花冠紫红色至淡红色，旗瓣匙形，明显比翼瓣和龙骨瓣长。子房椭圆形，花柱丝状细长。荚果卵形；通常有 1 粒扁圆形种子。花果期 5—9 月。

【原产地】北非、中亚和欧洲。

【中国分布】全国南北各省区均有种植，并见逸生。

【秦岭分布】秦岭南北坡均有栽培，时有逸生。

【生境】生于林缘、路边、草地等湿润处。

【主要危害】分布范围逐年扩大，常出现成片分布，影响其他植物生存空间。

【经济价值】可供药用。

白车轴草

Trifolium repens L.
白三叶
豆科（Fabaceae Lindl.）车轴草属（*Trifolium* L.）

【主要形态特征】多年生草本，生长期达5年，高10—30厘米。主根短，侧根和须根发达。茎匍匐蔓生，节上生根。掌状三出复叶；托叶膜质，基部抱茎成鞘状；叶柄长10—30厘米。花序球形，顶生；总花梗比叶柄长近1倍；苞片披针形，膜质；萼齿5，披针形，短于萼筒；花冠白色、乳黄色或淡红色。旗瓣椭圆形，比翼瓣和龙骨瓣长近1倍。荚果长圆形；种子通常3粒，阔卵形。花果期5—10月。

【原产地】北非、中亚、西亚和欧洲。

【中国分布】全国南北各省区均有种植，并见逸生。

【秦岭分布】秦岭南北坡普遍栽培或逸生。

【生境】生于湿润草地、河岸、路边。

【主要危害】危害其他植物的生长，甚至造成死亡。

【经济价值】园林栽培作地被，也可作牧草。

长柔毛野豌豆

Vicia villosa Roth
毛叶苕子、柔毛苕子
豆科（Fabaceae Lindl.）野豌豆属（*Vicia* L.）

【主要形态特征】一年生攀援或蔓生草本，被长柔毛。偶数羽状复叶，叶轴顶端卷须 2—3 分支；托叶半边箭形；小叶通常 5—10 对，长 1—3 厘米。总状花序近等长或略长于叶，具花 10—20 朵；花萼斜钟形；花冠紫色、淡紫色或紫蓝色。荚果长圆状菱形，先端具喙。种子球形，表皮黄褐色至黑褐色。花果期 4—10 月。

【原产地】中亚、西亚和欧洲。

【中国分布】产于东北、华北、西北、西南、山东、江苏、湖南、广东等地。

【秦岭分布】秦岭有栽培，渭滨区等地有逸生。

【生境】多生于山坡、路旁和河滩。

【主要危害】具有较强入侵性，有时会成片存在，影响本土物种多样性。

【经济价值】可作为优良牧草及绿肥作物。

刺果瓜

Sicyos angulatus L.
刺果藤、刺胡瓜
葫芦科（Cucurbitaceae Juss.）刺果瓜属（*Sicyos* L.）

【主要形态特征】一年生草质藤本。茎细长，具纵向的槽棱，被白色柔毛，茎节处生卷须，密被白色柔毛，叶宽卵状，两面被短柔毛，叶柄长，被白色柔毛。花雌雄同株，雄花成总状或头状聚伞花序，雌花聚成头状。果实3—20簇生。种子椭圆形或近圆形，灰褐色或灰黑色。

【原产地】北美洲。

【中国分布】台湾、河北、辽宁、山东、北京及陕西等地。

【秦岭分布】仅见于周至的厚畛子。

【生境】生于林间、低地、田间、灌木丛、荒地等。

【主要危害】潜在风险物种，主要破坏生态环境和农林业生产。

L

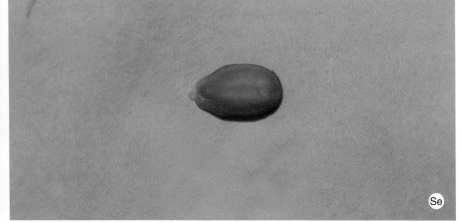

Fr

Se

齿裂大戟

Euphorbia dentata Michx.
紫斑大戟、齿叶大戟
大戟科（Euphorbiaceae Juss.）大戟属（*Euphorbia* L.）

【主要形态特征】一年生草本。茎单一，上部多分枝，高20—50厘米，直径2—5毫米，被柔毛或无毛。叶对生，线形至卵形；边缘全缘、浅裂至波状齿裂；叶两面被毛或无毛；总苞叶2—3枚，与茎生叶相同。花序数枚，聚伞状生于分枝顶部；总苞钟状，边缘5裂，裂片三角形，边缘撕裂状；腺体1枚，两唇形，生于总苞侧面，淡黄褐色。雄花数枚，伸出总苞之外；雌花1枚，子房柄与总苞边缘近等长；子房球状，光滑无毛；花柱3，分离；柱头两裂。蒴果扁球状，具3个纵沟；成熟时分裂为3个分果爿。种子卵球状，黑色或褐黑色，表面粗糙，具不规则瘤状突起，腹面具一黑色沟纹；种阜盾状，黄色，无柄。花果期7—10月。

【原产地】北美。

【中国分布】北京、广西、河北、湖南、江苏、云南、浙江。

【秦岭分布】汉台区。

【生境】阳性植物，生于杂草丛、路旁及沟边。

【主要危害】入侵杂草，排挤本地草类。

【经济价值】具有观赏性，可作观赏植物。

通奶草

Euphorbia hypericifolia L.
小飞扬草、假紫斑大戟
大戟科（Euphorbiaceae Juss.）大戟属（*Euphorbia* L.）

【主要形态特征】一年生草本。茎直立，自基部分枝或不分枝，无毛或被少许短柔毛。叶对生，狭长圆形或倒卵形，先端钝或圆，基部圆形，通常偏斜，不对称，两面被稀疏的柔毛，或上面的毛早脱落；叶柄极短；托叶三角形，分离或合生。苞叶2枚，与茎生叶同形。花序数个簇生于叶腋或枝顶；总苞陀螺状，高与直径各约1毫米或稍大；边缘5裂，裂片卵状三角形；腺体4，边缘具白色或淡粉色附属物。雄花数枚，微伸出总苞外；雌花1枚，子房柄长于总苞；子房三棱状，无毛；花柱3，分离；柱头2浅裂。蒴果三棱状，无毛，成熟时分裂为3个分果爿。种子卵棱状，每个棱面具数个皱纹，无种阜。花果期8-12月。

【原产地】美洲。

【中国分布】江西、台湾、湖南、广东、广西、海南、四川、贵州和云南等有分布。

【秦岭分布】略阳、勉县有分布。

【生境】生于旷野荒地、路旁、灌丛及田间。

【主要危害】一般性杂草，影响本土植物生长。

【经济价值】全草可供药用。

斑地锦

Euphorbia maculata L.
大地锦，美洲地锦，紫斑地锦，紫叶地锦
大戟科（Euphorbiaceae Juss.）大戟属（*Euphorbia* L.）

【主要形态特征】一年生匍匐草本。茎长 10—17 厘米。叶对生，长椭圆形至肾状长圆形，长 6—12 毫米，叶面绿色，常具紫色斑点，两面无毛；叶柄极短；托叶钻状。花序单生于叶腋；总苞狭杯状；腺体 4，椭圆形，具附属物。雄花 4—5；雌花 1；子房被柔毛；花柱短。蒴果三角状卵形。种子四棱形，灰色或灰棕色，无种阜。花果期 4—9 月。

【原产地】北美洲。

【中国分布】辽宁、河北、北京、重庆、福建、广西、广东、贵州、海南、湖北、陕西、四川、新疆等。

【秦岭分布】长安、石泉、周至、汉中等有分布。

【生境】生于农田、低山坡路边或河滩。

【主要危害】容易蔓延，若不及时拔除，危害田间作物。

【经济价值】可供药用。

野老鹳草

Geranium carolinianum L.
老鹳草
牻牛儿苗科（Geraniaceae Juss.）老鹳草属（*Geranium* L.）

【主要形态特征】一年生草本，高 20—60 厘米。茎直立或仰卧。基生叶早枯，茎生叶互生或最上部对生；托叶披针形或三角状披针形，被短柔毛；叶片圆肾形，长 2—3 厘米，基部心形，掌状 5—7 深裂。花序较叶长，伞形状；苞片钻状；萼片长卵形或近椭圆形；花瓣淡紫红色，稍长于萼，先端圆形；雌蕊稍长于雄蕊。蒴果被短糙毛。花期 4—7 月，果期 5—9 月。

【原产地】北美洲。

【中国分布】北京、天津、河北、山东、山西、河南、安徽、江苏、浙江、上海、江西、湖南、湖北、福建、广东、台湾、广西、贵州、重庆、陕西、四川、云南和西藏等。

【秦岭分布】长安、石泉、宁强等。

【生境】生于平原和低山荒坡杂草丛中。

【主要危害】有较强化感作用，影响本土植物生长。

【经济价值】全草可供药用。

L

Fr

Fl

Fr

Pb

Se

小花山桃草

Gaura parviflora Dougl.
光果小花山桃草
柳叶菜科（Onagraceae Juss.）山桃草属（*Gaura* L.）

【主要形态特征】一年生草本。被长毛和腺毛。高 50—100 厘米。叶宽倒披针形、狭椭圆形、长圆状卵形，有时菱状卵形。花序穗状，生茎枝顶端，常下垂；苞片线形。花傍晚开放；花管带红色；萼片绿色，线状披针形，花期反折；花瓣白色，后变红色，倒卵形，基部具爪；花丝基部具附属物，花药长圆形；花柱长 3—6 毫米。蒴果纺锤形，长 5—10 毫米。种子 4 枚，卵状，红棕色。花期 7—8 月，果期 8—9 月。

【原产地】北美洲中南部。

【中国分布】河北、河南、山东、陕西、安徽、江苏、湖北等。

【秦岭分布】西安、周至、眉县、渭滨、丹凤等均有逸生。

【生境】生于道路旁、河岸、公路等废弃地。

【主要危害】侵占其他草本植物的生存空间，影响本土植物生长。

【经济价值】具有一定观赏性。

月见草
Oenothera biennis L.
夜来香、山芝麻
柳叶菜科（Onagraceae Juss.）月见草属（*Oenothera* L.）

【主要形态特征】二年生草本。基生叶莲座状。茎高50—200厘米，被毛。基生叶倒披针形，边缘生浅齿，两面被毛。茎生叶椭圆形至倒披针形。花序穗状；苞片叶状，近无柄，果时宿存，花蕾锥状长圆形，花管黄绿色或带红色，被毛；花后脱落；萼片长圆状披针形，花瓣黄色，宽倒卵形，长2.5—3厘米，先端微凹；蒴果圆柱状，具棱；种子暗褐色，棱形，具棱角，具洼点。

【原产地】北美洲东部。

【中国分布】在东北、华北、华东、西南、台湾、陕西有栽培，并早已沦为逸生。

【秦岭分布】秦岭南北坡均有分布。

【生境】常生于河滩两岸或开旷荒地路旁。

【主要危害】繁殖能力极强，具有化感作用，较易形成单一优势种群，严重影响其他植物的生长，甚至造成死亡。

【经济价值】可供药用，种子含油量达25.1%。

L

Fl

Fr

Se

H

裂叶月见草

Oenothera laciniata Hill

柳叶菜科（Onagraceae Juss.）月见草属（*Oenothera* L.）

【主要形态特征】一年生或多年生草本。茎长 10—50 厘米，被毛。基部叶线状倒披针形，长 5—15 厘米，边缘羽状深裂；茎生叶狭倒卵形或狭椭圆形；苞片叶状，狭长圆形或狭卵形，疏生浅齿或基部羽状裂。穗状花序，花较少。花蕾长圆形。花管带黄色，盛开时带红色，长 1.5—3.5 厘米，常被毛，萼片绿色或黄绿色，开放时反折，后变红色；花瓣淡黄至黄色，宽倒卵形，先端截形至微凹；子房被毛；花柱长 2—5 厘米。蒴果圆柱状。种子椭圆状至近球状，褐色，表面具整齐的洼点。花期 4—9 月，果期 5—11 月。

【原产地】北美洲东部。

【中国分布】全国各地均有栽培。

【秦岭分布】见于秦岭南坡汉台区、勉县等。

【生境】生于河道沙滩或低海拔开旷荒地、田边处。

【主要危害】繁殖能力极强，具有化感作用，严重影响其他植物的生长，甚至造成死亡。

【经济价值】可栽培供观赏。

L

Pb

Fl

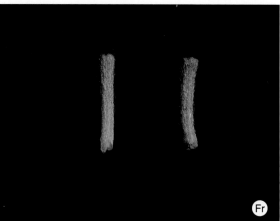

Fr

H

粉花月见草

Oenothera rosea L'Hér. ex Ait.
红花山芝麻、粉花柳叶菜、红花月见草
柳叶菜科（Onagraceae Juss.）月见草属（*Oenothera* L.）

【主要形态特征】多年生草本。茎常丛生，长 30—50 厘米。基生叶倒披针形，长 1.5—4 厘米，羽状深裂；叶柄长 0.5—1.5 厘米。茎生叶披针形或长圆状卵形，长 3—6 厘米；叶柄长 1—2 厘米。花单生；花蕾锥状圆柱形，具喙；花管淡红色，萼片披针形，开花时反折；花丝白色至淡紫红色；花药长圆状线形；子房狭椭圆状；花柱白色，柱头红色。蒴果棒状。种子长圆状倒卵形。花期 4—11 月，果期 9—12 月。

【原产地】热带美洲。

【中国分布】北京、广西、贵州、河北、江苏、江西、上海、云南、浙江。

【秦岭分布】秦岭北坡有栽培，偶有逸生。

【生境】生于荒地草地、沟边半阴处。

【主要危害】繁殖力强，成为难以清除的有害杂草。

【经济价值】根具有一定药用价值。

美丽月见草

Oenothera speciosa Nutt.
粉晚樱草
柳叶菜科（Onagraceae Juss.）月见草属（*Oenothera* L.）

【主要形态特征】多年生草本。茎常丛生，上升，长 30—55 厘米。基生叶紧贴地面，倒披针形，不规则羽状深裂。开花时基生叶枯萎。茎生叶披针形或长圆状卵形，基部细羽状裂，两面被柔毛。花单生，早晨开放。花蕾绿色，锥状圆柱形，花管淡红色。

【原产地】美国、墨西哥。

【中国分布】安徽、江苏、江西、山东、上海、浙江及陕西。

【秦岭分布】秦岭北坡有栽培，有时有逸生。

【生境】生于荒地草地、沟边半阴处。

【主要危害】繁殖力强，成为难以清除的有害杂草。

【经济价值】花大而美丽，园林栽培供观赏。

火炬树

Rhus typhina L.
鹿角漆、火炬漆、加拿大盐肤木
漆树科（Anacardiaceae R. Br.）盐肤木属（*Rhus* Tourn. ex L.）

【主要形态特征】落叶乔木。奇数羽状复叶，互生，长圆形至披针形。花序圆锥状，顶生。果穗鲜红色，果扁球形，有红色刺毛，成火炬状。果实9月成熟后经久不落，而且秋后树叶会变红，十分壮观。

【原产地】北美洲。

【中国分布】分布在东北南部、华北和西北。

【秦岭分布】秦岭南北坡均有栽培或逸生。

【生境】生于河谷河滩、堤岸或干旱山坡荒地。

【主要危害】危及引种地的自然生态系统，导致生态失衡。

【经济价值】适应性强，可用于干旱瘠薄山区造林、护坡固堤及封滩固沙。

苘麻

Abutilon theophrasti Medicus
车轮草、磨盘草
锦葵科（Malvaceae Juss.）苘麻属（*Abutilon* Mill.）

【主要形态特征】一年生草本。高达 1—2 米。叶互生，圆心形，边缘具细圆锯齿，两面被柔毛；叶柄长 3—12 厘米。花单生，花梗长 1—13 厘米；花萼杯状，裂片 5；花黄色，花瓣倒卵形；雄蕊柱无毛；心皮 15—20，顶端平截，具长芒 2，排列成轮状，密被软毛。蒴果半球形，分果爿 15—20，被粗毛，顶端具 2 长芒；种子肾形，褐色。花期 7—8 月。

【原产地】印度。

【中国分布】全国除青藏高原不产外，其他各省区均产，东北各地有栽培。

【秦岭分布】秦岭南北坡普遍分布。

【生境】常见于路旁、荒地和田野间。

【主要危害】对粮食作物及本土物种具有较大的影响。

【经济价值】茎皮纤维可编织麻袋、搓绳索、编麻鞋等。种子油可用于制造油漆和工业用润滑油。全草可供药用。

Fl

Fr

Fr

Fr

Pb

Se

野西瓜苗

Hibiscus trionum L.
灯笼花、香铃草
锦葵科（Malvaceae Juss.）木槿属（*Hibiscus* L.）

【主要形态特征】一年生直立或平卧草本。茎长 25—70 厘米，被粗毛。叶二型，下部的不分裂，上部的叶掌状深裂；叶柄长 2—4 厘米；托叶线形。花单生；小苞片 12，线形；花萼钟形，被长硬毛，裂片 5，具紫色条纹；花淡黄色，内面基部紫色，花瓣 5，倒卵形；雄蕊柱长约 5 毫米；花柱无毛。蒴果长圆状球形，果爿 5；种子肾形，黑色，具突起。花期 7—10 月。

【原产地】非洲。

【中国分布】全国各地均有分布。

【秦岭分布】秦岭南北坡均产。

【生境】生于山野、丘陵或田埂。

【主要危害】常见田间杂草，主要危害作物生长。

【经济价值】全草可供药用。

L

Fl

Pb

Sep

O

H

臭荠

Lepidium didymum L.
臭荠、臭独行菜
十字花科（Brassicaceae Burnett）独行菜属（*Lepidium* L.）

【主要形态特征】一年生或二年生匍匐草本。高 5—30 厘米，全体有臭味。主茎短且不明显，基部多分枝，无毛或有长单毛。叶为一回或二回羽状全裂，裂片 3—5 对，线形或窄长圆形，长 4—8 毫米，宽 0.5—1 毫米，顶端急尖，基部楔形，全缘，两面无毛；叶柄长 5—8 毫米。花极小，直径约 1 毫米，萼片具白色膜质边缘；花瓣白色，长圆形，比萼片稍长，或无花瓣；雄蕊通常 2。短角果肾形，长约 1.5 毫米，宽 2—2.5 毫米，2 裂，果瓣半球形，表面有粗糙皱纹，成熟时分离成 2 瓣。种子肾形，长约 1 毫米，红棕色。花期 3 月，果期 4—5 月。

【原产地】南美洲。

【中国分布】山东、安徽、江苏、陕西、台湾、湖北、江西、广东、四川、云南。

【秦岭分布】长安有分布。

【生境】生于路旁或荒地。

【主要危害】与本土植物有养分竞争，影响其生长。

【经济价值】全草或种子可供入药。

北美独行菜

Lepidium virginicum L.
独行菜，辣椒菜，星星菜
十字花科（Brassicaceae Burnett）独行菜属（*Lepidium* L.）

【主要形态特征】一年生或二年生草本，高 20—50 厘米；茎直立，上部分枝，具柱状腺毛。基生叶倒披针形，长 1—5 厘米，羽状分裂或大头羽裂，裂片边缘有锯齿，两面有短伏毛；茎生叶倒披针形或线形，长 1.5—5 厘米，宽 2—10 毫米，顶端急尖，基部渐狭，边缘有尖锯齿或全缘。总状花序顶生；萼片椭圆形，长约 1 毫米；花瓣白色，倒卵形，和萼片等长或稍长；雄蕊 2 或 4。短角果近圆形，长 2—3 毫米，宽 1—2 毫米，扁平，有窄翅，顶端微缺，花柱极短；果梗长 2—3 毫米。种子卵形，长约 1 毫米，光滑，红棕色，边缘有窄翅；子叶缘倚胚根。花期 4—5 月，果期 6—7 月。

【原产地】北美洲。

【中国分布】除东北、西藏和新疆外，全国各省区均有分布。

【秦岭分布】渭滨、洛南等地有分布。

【生境】生于田边或荒地。

【主要危害】有化感作用，影响本土植物生长和更新。

【经济价值】全草可作饲料；种子可入药。

豆瓣菜

Nasturtium officinale R. Br.
水田芥，西洋菜、水蔊菜、水生菜
十字花科（Brassicaceae Burnett）豆瓣菜属（*Nasturtium* R. Br.）

【主要形态特征】多年生水生草本。高 20—40 厘米，全体光滑无毛。茎匍匐或浮水生，多分枝，节上生不定根。单数羽状复叶，小叶宽卵形、长圆形或近圆形，顶端 1 片较大，长 2—3 厘米，宽 1.5—2.5 厘米，小叶柄细而扁，侧生小叶基部不等称，叶柄基部成耳状，略抱茎。总状花序顶生，花多数；萼片长卵形，长 2—3 毫米，宽约 1 毫米，边缘膜质，基部略呈囊状；花瓣白色，倒卵形，具脉纹，长 3—4 毫米，宽 1—1.5 毫米，顶端圆，基部渐狭成细爪。长角果圆柱形而扁，长 15—20 毫米，宽 1.5—2 毫米。种子每室 2 行，卵形，直径约 1 毫米，红褐色，表面具网纹。花期 4—5 月，果期 6—7 月。

【原产地】西亚和欧洲。

【中国分布】黑龙江、河北、山西、山东、河南、安徽、江苏、广东、广西、陕西、四川、贵州、云南、西藏。

【秦岭分布】秦岭北坡的周至、眉县有分布。

【生境】生于水中，常见于水沟边、山涧河边、沼泽地或水田中。

【主要危害】危害湿地生物多样性。

【经济价值】全草可供药用。

皱果荠

Rapistrum rugosum（L.）All.
假芸薹
十字花科（Brassicaceae Burnett）假芸薹属（*Rapistrum* Crantz）

【主要形态特征】一年生草本，植株下面具糙硬毛，上面无毛。茎高30—50厘米，基生叶长2—25厘米，叶柄1—5厘米，每侧1—5裂，边缘具不规则锯齿；侧裂片长圆形或卵形，顶生裂片近圆形或卵形；茎生叶单叶或深波状浅裂，边缘近全缘或具锯齿。萼片长2.5—5毫米；花瓣浅黄色，长6—11毫米，宽2.5—4毫米；花丝长4—7毫米；花药长1.2—1.5毫米；花柱1—5毫米。果梗直立，长1.5—5毫米，贴生轴上。果实顶部球形或卵球形，长1.5—3.5毫米，宽1—2.8毫米，通常具皱纹或棱，稀光滑。种子1.5—2.5毫米。

【原产地】地中海地区。

【中国分布】该种在台湾地区的资料显示已经有相关记录，在大陆也有多次报道检疫到该种的种子，近年来在秦岭北坡西安地区发现有分布。

【秦岭分布】秦岭北坡的西安。

【生境】撂荒地上成片分布。

【主要危害】危害农田生态系统等。

H

071

球序卷耳

Cerastium glomeratum Thuill.
圆序卷耳、粘毛卷耳、婆婆指甲菜
石竹科（Caryophyllaceae Juss.）卷耳属（Cerastium L.）

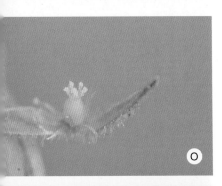

【主要形态特征】一年生草本，高 10—20 厘米。茎单生或丛生，密被长柔毛，上部混生腺毛。茎下部叶叶片匙形，顶端钝，基部渐狭成柄状；上部茎生叶叶片倒卵状椭圆形，长 1.5—2.5 厘米，宽 5—10 毫米，顶端急尖，基部渐狭成短柄状，两面皆被长柔毛，边缘具缘毛，中脉明显。聚伞花序呈簇生状或呈头状；花序轴密被腺柔毛；苞片草质，卵状椭圆形，密被柔毛；花梗细，长 1—3 毫米，密被柔毛；萼片 5，披针形，长约 4 毫米，顶端尖，外面密被长腺毛，边缘狭膜质；花瓣 5，白色，线状长圆形，与萼片近等长或微长，顶端 2 浅裂，基部被疏柔毛；雄蕊明显短于萼；花柱 5。蒴果长圆柱形，长于宿存萼 0.5—1 倍，顶端 10 齿裂；种子褐色，扁三角形，具疣状凸起。花期 3—4 月，果期 5—6 月。

【原产地】非洲北部以及欧洲与亚洲中部的温带地区。

【中国分布】山东、江苏、浙江、陕西、湖北、湖南、江西、福建、云南、西藏。

【秦岭分布】秦岭北坡渭河沿岸各区县。

【生境】生于山坡草地，喜生于干燥疏松的土壤。

【主要危害】世界性杂草，在生长季危害农业生产、园林景观、林地、果园等。

【经济价值】全草可供药用。

麦蓝菜

Vaccaria hispanica (Mill.) Rauschert
麦蓝子、王不留行
石竹科（Caryophyllaceae Juss.）麦蓝菜属（*Vaccaria* Wolf）

【主要形态特征】一年生或二年生草本，高 30—70 厘米，微被白粉。茎单生，直立，上部分枝。叶片卵状披针形或披针形，长 3—9 厘米，宽 1.5—4 厘米，基部圆形或近心形，微抱茎，顶端急尖，具 3 基出脉。伞房花序稀疏；苞片披针形，着生花梗中上部；花萼卵状圆锥形，长 10—15 毫米，宽 5—9 毫米，后期微膨大呈球形；花瓣淡红色，长 14—17 毫米，宽 2—3 毫米，爪狭楔形，淡绿色，瓣片狭倒卵形；雄蕊内藏；花柱线形，微外露。蒴果宽卵形或近圆球形；种子近圆球形，红褐色至黑色。花期 5—7 月，果期 6—8 月。

【原产地】欧洲至西亚。

【中国分布】全国除华南外均产。

【秦岭分布】秦岭低山农田。

【生境】生于草坡、撂荒地或农田。

【主要危害】为麦田常见杂草，危害农田生态系统。

【经济价值】花美丽，园林栽培供观赏。

喜旱莲子草

Alternanthera philoxeroides (Mart.) Griseb
空心莲子草、水花生、水蕹菜、空心苋
苋科 (Amaranthaceae Juss.) 莲子草属（*Alternanthera* Forssk.）

【主要形态特征】多年生草本；茎基部匍匐，上部上升，管状，具分枝，幼茎及叶腋有白色或锈色柔毛。叶片矩圆形或倒卵状披针形，长 2.5—5 厘米，宽 7—20 毫米，顶端急尖或圆钝，具短尖，全缘，两面无毛或上面有贴生毛及缘毛，下面有颗粒状突起。花密生成具总花梗的头状花序；苞片及小苞片白色，顶端渐尖；苞片卵形，小苞片披针形，长 2 毫米；花被片矩圆形，白色，光亮，无毛，顶端急尖；雄蕊花丝基部连合成杯状；退化雄蕊和雄蕊约等长，顶端裂成窄条；子房倒卵形。果实未见。花期 5—10 月。

【原产地】巴西至巴拉圭以及阿根廷的北部区域。

【中国分布】北京、江苏、浙江、陕西、江西、湖南、福建等地有栽培或逸为野生。

【秦岭分布】秦岭南北坡浅山区普遍分布。

【生境】生于池沼、水沟内。

【主要危害】该种使水域内的高等植物灭绝，水生动物消失，水域的生态平衡遭到破坏。

【经济价值】全草可供药用，亦可作饲料。

北美苋

Amaranthus blitoides S. Watson
美苋
苋科（Amaranthaceae Juss.）苋属（*Amaranthus* L.）

【主要形态特征】一年生草本，高 15—50 厘米。茎大部分伏卧，从基部分枝，绿白色，全体无毛或近无毛。叶片密生，倒卵形、匙形至矩圆状倒披针形，长 5—25 毫米，宽 3—10 毫米，顶端圆钝或急尖，具细凸尖，尖长达 1 毫米。花成腋生花簇，有少数花；苞片及小苞片披针形，长 3 毫米，顶端急尖，具尖芒；花被片 4，有时 5，长 1—2.5 毫米，绿色，顶端稍渐尖，具尖芒；柱头 3，顶端卷曲。胞果椭圆形，长 2 毫米，环状横裂，上面带淡红色，近平滑，比最长花被片短。种子卵形，黑色，稍有光泽。花期 8—9 月，果期 9—10 月。

【原产地】北美洲。

【中国分布】辽宁、安徽、北京、甘肃、河北、河南、黑龙江、吉林、辽宁、内蒙古、山东、陕西、山西、新疆。

【秦岭分布】秦岭南北坡浅山区普遍分布。

【生境】常在贫瘠的沙质土壤上生长，见于田野、路旁杂草地上。

【主要危害】一般性杂草，对本土植物生长有一定影响。

【经济价值】具有一定的药用价值。

凹头苋

Amaranthus blitum L.
野苋、紫苋
苋科（Amaranthaceae Juss.）苋属（*Amaranthus* L.）

【主要形态特征】一年生草本，高 10—30 厘米。茎伏卧而上升，从基部分枝，淡绿色或紫红色。叶片卵形或菱状卵形，长 1.5—4.5 厘米，宽 1—3 厘米，顶端凹缺，有 1 芒尖，或微小不显。花簇腋生，直至下部叶的腋部，生在茎端和枝端者成直立穗状或圆锥花序；苞片及小苞片矩圆形，长不及 1 毫米；花被片长 1.2—1.5 毫米，淡绿色，顶端急尖，边缘内曲，背部有 1 隆起中脉；雄蕊比花被片稍短；柱头 3 或 2。胞果扁卵形，长 3 毫米，不裂，微皱缩而近平滑，超出宿存花被片。种子环形，黑色至黑褐色，边缘具环状边。花期 7—8 月，果期 8—9 月。

【原产地】地中海、亚欧大陆、北非。

【中国分布】除内蒙古、宁夏、青海、西藏外，全国广泛分布。

【秦岭分布】长安、眉县、宁陕、略阳等地均有分布。

【生境】喜沙质土壤，生于田间、苗圃、草地、果园、河岸等地。

【主要危害】一般性杂草，对本土植物生长有一定影响。

【经济价值】全草可供药用。

绿穗苋

Amaranthus hybridus L.

苋科（Amaranthaceae Juss.）苋属（*Amaranthus* L.）

【主要形态特征】一年生草本，高30—50厘米。茎直立，分枝，上部近弯曲，有开展柔毛。叶片卵形或菱状卵形，长3—4.5厘米，宽1.5—2.5厘米，顶端急尖或微凹，具凸尖，上面近无毛，下面疏生柔毛；叶柄有柔毛。圆锥花序顶生，细长，有分枝，中间花穗最长；苞片及小苞片钻状披针形，长3.5—4毫米，中脉坚硬，绿色，向前伸出成尖芒；花被片矩圆状披针形，长约2毫米，顶端具凸尖，中脉绿色；雄蕊略和花被片等长或稍长；柱头3。胞果卵形，长2毫米，环状横裂，超出宿存花被片。种子近球形，直径约1毫米，黑色。花期7—8月，果期9—10月。

【原产地】美洲、墨西哥。

【中国分布】陕西南部、河南、安徽、江苏、浙江、江西、湖南、湖北、四川、贵州。

【秦岭分布】秦岭南北坡均有分布。

【生境】生于田野、旷地或山坡。

【主要危害】一般性杂草，对本土植物生长和更新有一定影响。

【经济价值】叶可提取粗蛋白。

反枝苋

Amaranthus retroflexus L.
西风谷、人苋菜、野苋菜
苋科（Amaranthaceae Juss.）苋属（*Amaranthus* L.）

Se

【主要形态特征】一年生草本，高 20—80 厘米，有时达 1 米多。茎单一或分枝，淡绿色，有时具带紫色条纹，密生短柔毛。叶片菱状卵形或椭圆状卵形，长 5—12 厘米，宽 2—5 厘米，顶端有小凸尖，两面及边缘有柔毛；叶柄有柔毛。圆锥花序顶生及腋生，直立，由多数穗状花序形成，顶生花穗较长；苞片及小苞片钻形，白色，背面有 1 龙骨状突起，伸出顶端成白色尖芒；花被片薄膜质，白色，有 1 淡绿色细中脉，顶端急尖或尖凹，具凸尖。胞果扁卵形，长约 1.5 毫米，环状横裂，包裹在宿存花被片内。种子近球形，棕色或黑色，边缘钝。花期 7—8 月，果期 8—9 月。

【原产地】北美洲。

【中国分布】黑龙江、吉林、辽宁、内蒙古、河北、山东、山西、河南、陕西、甘肃、宁夏、新疆。

【秦岭分布】秦岭南北坡均产。

【生境】生于农田、撩荒地、路边以及河岸地等。

【主要危害】具有较强繁殖能力，具有化感作用，对当地植物生长和更新有较大影响。

【经济价值】全草可供药用，也可作饲料。

刺苋

Amaranthus spinosus L.
刺苋菜、白刺苋
苋科（Amaranthaceae Juss.）苋属（*Amaranthus* L.）

【主要形态特征】一年生草本。高 30—100 厘米，多分枝，有纵条纹，绿色或带紫色，无毛或稍有柔毛。叶片菱状卵形或卵状披针形，长 3—12 厘米，宽 1—5.5 厘米，顶端圆钝，具微凸头；叶柄在其旁有 2 刺。圆锥花序腋生及顶生，下部顶生花穗常全部为雄花；苞片在腋生花簇及顶生花穗的基部者变成尖锐直刺；花被片绿色，顶端急尖，在雄花者矩圆形，长 2—2.5 毫米，在雌花者矩圆状匙形，长 1.5 毫米；雄蕊花丝略和花被片等长或较短。胞果矩圆形，长约 1—1.2 毫米，在中部以下不规则横裂。种子近球形，黑色或带棕黑色。花期 8—9 月，果期 10 月。

【原产地】热带美洲。

【中国分布】陕西、河南、安徽、江苏、浙江、江西、湖南、湖北、四川、云南、贵州、广西、广东、福建、台湾。

【秦岭分布】石泉、紫阳、安康和汉中等有分布。

【生境】生于旷地或园圃。

【主要危害】与当地植物产生较大竞争，影响本土植物生长，降低当地生物多样性。

【经济价值】全草供药用。

皱果苋

Amaranthus viridis L.
绿苋、细苋、野苋
苋科（Amaranthaceae Juss.）苋属（*Amaranthus* L.）

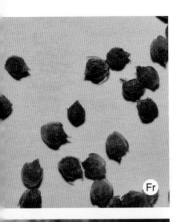

【主要形态特征】一年生草本。高40—80厘米，全体无毛；茎直立，有不显明棱角，稍有分枝，绿色或带紫色。叶片长3—9厘米，宽2.5—6厘米，顶端尖凹或凹缺，少数圆钝，有1芒尖。圆锥花序顶生，长6—12厘米，宽1.5—3厘米，有分枝，由穗状花序形成；苞片及小苞片披针形，顶端具凸尖；花被片矩圆形或宽倒披针形，长1.2—1.5毫米；雄蕊比花被片短；柱头3或2。胞果扁球形，直径约2毫米，绿色，不裂，极皱缩，超出花被片。种子扁豆形，直径约1毫米，黑褐色，光亮，边缘锐。花期6—8月，果期8—10月。

【原产地】南美洲。

【中国分布】东北、华北、陕西、华东、江西、华南、云南。

【秦岭分布】秦岭南北坡浅山区均有分布。

【生境】适应性强，几乎在所有受到干扰的生境下都有发现，常见于人家附近的杂草地上或田野间。

【主要危害】常见杂草，危害农作物生长。

【经济价值】全草可供药用。

土荆芥

Dysphania ambrosioides (L.) Mosyakin & Clemants
鹅脚草、杀虫芥
苋科 (Amaranthaceae Juss.) 腺毛藜属 (*Dysphania* R.Br.)

【主要形态特征】一年生或多年生草本。高 50—80 厘米，有强烈香味。茎直立，多分枝，有色条及钝条棱；枝有短柔毛并兼有具节的长柔毛，有时近于无毛。叶片矩圆状披针形至披针形，先端急尖或渐尖，边缘具稀疏不整齐的大锯齿，上面无毛，下面有散生油点并沿叶脉稍有毛，下部的叶长达 15 厘米，宽达 5 厘米，上部叶逐渐狭小。花两性及雌性，通常 3—5 个团集，生于上部叶腋；花被裂片通常 5，绿色，果时通常闭合；雄蕊 5；花柱不明显，柱头通常 3，丝形，伸出花被外。胞果扁球形，完全包于花被内。种子黑色或暗红色。春夏秋均能开花，花后结果。

H

【中国分布】广西、广东、福建、台湾、江苏、浙江、江西、湖南、四川等省有野生。

【原产地】热带美洲。

【秦岭分布】秦岭北坡沣河沿岸和南坡汉台等地有分布。

【生境】喜生于村旁、路边、河岸等处。

【主要危害】潜在风险物种，较容易侵占其他草本植物的生存空间，影响生物多样性。

【经济价值】全草可供药用。果实含挥发油，油中的驱蛔素是驱虫有效成分。

垂序商陆

Phytolacca americana L.
美洲商陆、十蕊商陆
商陆科（Phytolaccaceae R. Br.）商陆属（*Phytolacca* L.）

【主要形态特征】多年生草本，高 1—2 米。根粗壮，肥大，倒圆锥形。茎直立，圆柱形，有时带紫红色。叶片椭圆状卵形或卵状披针形，长 9—18 厘米，宽 5—10 厘米，顶端急尖，基部楔形；叶柄长 1—4 厘米。总状花序顶生或侧生，长 5—20 厘米；花梗长 6—8 毫米；花白色，微带红晕，直径约 6 毫米；花被片 5，雄蕊、心皮及花柱通常均为 10，心皮合生。果序下垂；浆果扁球形，熟时紫黑色；种子肾圆形，直径约 3 毫米。花期 6—8 月，果期 8—10 月。

【原产地】北美洲、亚洲、欧洲。

【中国分布】河北、陕西、山东、江苏、浙江、江西、福建、河南、湖北、广东、四川、云南栽培或逸生。

【秦岭分布】秦岭中低海拔有分布。

【生境】生长在疏林下、路旁和荒地。

【主要危害】全株有毒，动物食之会对其造成毒害，且侵占其他草本植物的生存空间，影响生物多样性。

【经济价值】可供药用；全草可作农药。

Fr

Se

H

紫茉莉

Mirabilis jalapa L.
草茉莉、地雷花、粉豆花、胭脂花、状元花
紫茉莉科（Nyctaginaceae Juss.）紫茉莉属（*Mirabilis* L.）

L

Fl

Fl

H

【主要形态特征】一年生草本，高可达 1 米。根肥粗，黑色或黑褐色。茎直立，圆柱形，多分枝，节稍膨大。叶片卵形或卵状三角形，长 3—15 厘米，宽 2—9 厘米，顶端渐尖，基部截形或心形，全缘；叶柄长 1—4 厘米，上部叶几无柄。花常数朵簇生枝端；总苞钟形，长约 1 厘米，5 裂，顶端渐尖，果时宿存；花被紫红色、黄色、白色或杂色，高脚碟状，筒部长 2—6 厘米，檐部 5 浅裂；花午后开放，有香气，次日午前凋萎；雄蕊 5，花丝细长，常伸出花外；花柱单生，线形，伸出花外。瘦果球形，直径 5—8 毫米，黑色，表面具皱纹。花期 6—10 月，果期 8—11 月。

【原产地】热带美洲。

【中国分布】全国南北各地常栽培，有时逸为野生。

【秦岭分布】秦岭常见栽培，时有逸生。

【生境】生长在山坡、路旁、河边、林缘。

【主要危害】自播能力强，对其他植物有较大的危害。

【经济价值】可作为观赏植物，根、叶及种子白粉可供药用。

牵牛

Ipomoea nil (L.) Roth
裂叶牵牛、牵牛花、喇叭花
旋花科（Convolvulaceae Juss.）番薯属（*Ipomoea* L.）

【主要形态特征】一年生缠绕草本。茎上被毛。叶宽卵形或近圆形，深或浅的3裂，偶5裂，长4—15厘米，心形，叶面被柔毛；叶柄长2—15厘米。花腋生，单生或2朵着生于花序梗顶端，花序梗长1.5—18.5厘米；苞片线形或叶状；花梗长2—7毫米；小苞片线形；萼片披针状线形；花冠漏斗状，蓝紫色或紫红色；雄蕊及花柱内藏；子房无毛，柱头头状。蒴果近球形，3瓣裂。种子卵状三棱形，黑褐色或米黄色，被短绒毛。

【原产地】南美洲。

【中国分布】全国除西北和东北的一些省外，大部分地区都有分布。

【秦岭分布】秦岭南北坡普遍分布。

【生境】生于山坡灌丛、干燥河谷路边、园边宅旁、山地路边。

【主要危害】一般性杂草，对本土植物生长有一定影响。

【经济价值】除栽培供观赏外，种子为常用中药。

圆叶牵牛

Ipomoea purpurea (L.)Roth
毛牵牛、紫牵牛、喇叭花
旋花科（Convolvulaceae Juss.）番薯属（*Ipomoea* L.）

【主要形态特征】一年生缠绕草本。茎上被毛。叶圆心形或宽卵状心形，长 4—18 厘米，通常全缘，偶有 3 裂，两面被刚伏毛；叶柄长 2—12 厘米。花腋生，单一或 2—5 朵着生于花序梗顶端；苞片线形，被硬毛；花梗长 1.2—1.5 厘米，被倒向短柔毛及长硬毛；萼片近等长；花冠漏斗状，长 4—6 厘米，紫红色、红色或白色；雄蕊与花柱内藏；雄蕊不等长；子房 3 室，柱头头状。蒴果近球形，3 瓣裂。种子卵状三棱形，黑褐色或米黄色。

【原产地】美洲。

【中国分布】全国大部分地区有分布。

【秦岭分布】秦岭南北坡普遍分布。

【生境】生于田边、路边、宅旁或山谷林内。

【主要危害】对本土植物生长有影响，降低当地生物多样性。

【经济价值】种子可供药用；花美丽，可栽培供观赏。

毛曼陀罗

Datura innoxia Mill.
软刺曼陀罗、毛花曼陀罗
茄科（Solanaceae Juss.）曼陀罗属（*Datura* L.）

【主要形态特征】一年生草本。茎高 1—2 米，密被细腺毛和短柔毛。叶片广卵形，长 10—18 厘米，全缘或有疏齿。花单生；花梗长 1—2 厘米。花萼圆筒状，长 8—10 厘米，5 裂，裂片狭三角形，长 1—2 厘米，果时增大向外反折；花冠长漏斗状，长 15—20 厘米，花开后呈喇叭状；花丝长约 5.5 厘米，花药长 1—1.5 厘米；子房密生针毛。蒴果近球状或卵球状，密生细针刺和柔毛，成熟后不规则开裂。种子扁肾形，褐色。花果期 6—9 月。

【原产地】美国西南部至墨西哥。

【中国分布】河北、河南、湖北、江苏、山东、新疆等。

【秦岭分布】西安、渭河南岸有逸生。

【生境】常生于荒地、村边、路旁。

【主要危害】侵占其他草本植物的生存空间，影响生物多样性。

【经济价值】全株有毒；可供药用；花大，园林栽培供观赏。

L

Fl

Fr

Se

曼陀罗

Datura stramonium L.
洋金花、闹羊花
茄科（Solanaceae Juss.）曼陀罗属（*Datura* L.）

【主要形态特征】一年生草本。高 0.5—1.5 米，近无毛或幼嫩部分被柔毛。叶广卵形，边缘具波状浅裂，裂片顶端急尖；叶柄长 3—5 厘米。花单生，有短梗；花萼筒状，长 4—5 厘米，5 浅裂；花冠漏斗状，上部白色或淡紫色，下半部带绿色；花丝长约 3 厘米，花药长约 4 毫米；子房密生柔针毛。蒴果卵状，表面生有坚硬针刺或无刺而近平滑，4 瓣裂。种子卵圆形，稍扁，黑色。花期 6—10 月，果期 7—11 月。

【原产地】墨西哥。

【中国分布】全国各省区都有分布。

【秦岭分布】秦岭南北坡普遍分布。

【生境】常生于住宅旁、路边或草地上。

【主要危害】全株含生物碱，有强烈毒性，果实和种子毒性大。

【经济价值】可供药用，亦可栽培供观赏。

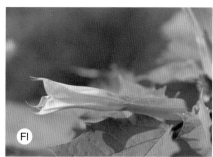

Fr

Fr

Se

H

假酸浆

Nicandra physalodes(L.) Gaertn.
鞭打绣球、冰粉、大千生、蓝花天仙子
茄科（Solanaceae Juss.）假酸浆属（*Nicandra* Adans.）

【主要形态特征】直立草本。茎高 0.4—1.5 米，叶卵形或椭圆形，长 4—12 厘米，边缘具粗齿或浅裂。花单生，俯垂；花萼 5 深裂，基部心脏状箭形，有 2 耳片，果时包围果实；花冠钟状，浅蓝色，直径达 4 厘米，5 浅裂。浆果球状，直径 1.5—2 厘米。种子淡褐色。花果期夏秋季。

【原产地】秘鲁。

【中国分布】河北、甘肃、四川、贵州、云南、西藏等省区有逸为野生。

【秦岭分布】宁陕、陈仓、洛南、华阴、长安、商南、汉阴等有分布。

【生境】生于田边、荒地或住宅区。

【主要危害】对本土植物生长有影响，降低当地生物多样性。

【经济价值】全草可供药用。

银毛龙葵

Solanum elaeagnifolium Cav.
银叶茄
茄科（Solanaceae Juss.）茄属（*Solanum* L.）

【主要形态特征】多年生草本。高达 50—100 厘米，地上部分直立，上部多分枝，冬季干枯；地下根系发达。通体密被银白色星状柔毛。茎圆柱形，疏被直刺。单叶，互生，椭圆状披针形，长 2—10 厘米，宽 1—2 厘米，下部叶边缘波状或浅裂；上部叶较小，长圆形，全缘。总状聚伞花序，具 1—7 花，花序梗长达 1 厘米，小花梗花期长约 1 厘米，果期延长；花萼 5 裂，裂片钻形；花冠蓝色至蓝紫色，稀白色，直径 2.5—3.5 厘米，裂片长为花冠的 1/2，雄蕊在花冠基部贴生；子房被绒毛。浆果圆球形，基部被萼片覆盖，绿色具白色条纹，成熟后黄色至橘红色。种子灰褐色，两侧压扁，光滑。

【原产地】南北美洲。

【中国分布】山东、陕西、台湾。

【秦岭分布】渭河南岸局部有分布。

【生境】常生于麦田和牧场等地。

【主要危害】与当地植物竞争水分和营养，并有化感作用，严重影响本土植物生长。

珊瑚樱

Solanum pseudocapsicum L.
冬珊瑚、洋海椒、刺石榴、玉珊瑚、珊瑚豆
茄科（Solanaceae Juss.）茄属（*Solanum* L.）

【主要形态特征】小灌木。高 0.3—1.5 米，叶椭圆状披针形，长 2—5 厘米，基部下延成短柄，无毛，全缘；叶柄长约 2—5 毫米。花序短，腋生，通常 1—3 朵，单生或成蝎尾状花序，总花梗短几近于无，花梗长约 5 毫米，花小，直径约 8—10 毫米；萼绿色，5 深裂，裂片卵状披针形，端钝，长约 5 毫米，花冠白色，筒部隐于萼内，长约 1.5 毫米，冠檐长约 6.5—8.5 毫米，5 深裂，裂片卵圆形，长约 4—6 毫米，宽约 4 毫米，端尖或钝；花丝长约 1 毫米，花药长圆形，长约为花丝长度的 2 倍，顶孔略向内；子房近圆形，直径约 1.5 毫米，花柱长约 4—6 毫米，柱头截形。浆果单生，球状，珊瑚红色或橘黄色，直径 1—2 厘米；种子扁平，直径约 3 毫米。花期 4—7 月，果熟期 8—12 月。

【原产地】南美洲。

【中国分布】河北、陕西、四川、云南、广西、广东、湖南、江西等。

【秦岭分布】秦岭南北坡均有栽培，石泉、略阳和勉县有逸生。

【生境】多见于田边、路旁、丛林中或水沟边。

【主要危害】全株有毒，叶比果毒性更大，误食可造成中毒。

【经济价值】果色鲜艳，可供观赏。

毛果茄

Solanum viarum Dunal
黄果茄、喀西茄
茄科（Solanaceae Juss.）茄属（Solanum L.）

【主要形态特征】草本或亚灌木。茎直立圆柱状，高0.5—2米，具刺；叶宽卵形，不对称，具皮刺和粗糙的多细胞腺毛，背面有稀疏无梗的星状毛；叶基部截形或短戟形，边缘3—5浅裂，裂片顶端钝。花序近簇生，总状花序；花梗4—6毫米，花萼钟状，裂片长圆状披针形；花冠白色或绿色，裂片披针形；浆果球状，浅黄，直径2—3厘米；种子棕色，直径2—2.8毫米；花果期6—10月。

【原产地】巴西、巴拉圭、乌拉圭和阿根廷。

【中国分布】陕西、云南、西藏、台湾均有逸生。

【秦岭分布】秦岭南坡汉江流域有分布。

【生境】生于荒地、草地、灌木林缘和河滩地、路旁。

【主要危害】路旁和荒野具刺杂草，易刺伤人；果具毒，误食后易造成人畜中毒。

A

直立婆婆纳

【主要形态特征】小草本。高 5—30 厘米，被长柔毛。下部的叶具短柄，中上部的叶无柄，卵形至卵圆形，长 5—15 毫米，边缘具齿，被硬毛。总状花序具多花，被白色腺毛；苞片下部的长卵形，上部的长椭圆形；花梗极短；花萼裂片条状椭圆形；花冠蓝紫色或蓝色，裂片圆形至长矩圆形；雄蕊较花冠短。蒴果倒心形，侧扁，长 2.5—3.5 毫米，边缘有腺毛，凹口几乎为果半长。种子矩圆形。花期 4—5 月。

【原产地】南欧和西亚。

【中国分布】华东和华中常见，新疆也可能有。

【秦岭分布】秦岭南北坡均有分布。

【生境】生于路边及荒野草地。

【主要危害】与当地植物竞争水分和营养，影响本土植物生长。

【经济价值】具有一定的药用价值。

阿拉伯婆婆纳

Veronica persica Poir.
波斯婆婆纳
车前科（Plantaginaceae Juss.）婆婆纳属（*Veronica* L.）

【主要形态特征】铺散草本。茎长 10—50 厘米，被柔毛。叶 2—4 对，具短柄，卵形或圆形，长 6—20 毫米，边缘具钝齿，两面疏生柔毛。总状花序；苞片与叶同形，几乎等大；花梗比苞片长；花萼花期长仅 3—5 毫米，果期增大，裂片卵状披针形，有睫毛；花冠蓝色、紫色或蓝紫色，长 4—6 毫米，裂片卵形至圆形。蒴果肾形，长约 5 毫米，被腺毛，成熟后脱落，网脉明显。种子具横纹，长约 1.6 毫米。花期 3—5 月。

【原产地】西亚。

【中国分布】分布于华东、华中及贵州、云南、西藏东部及新疆。

【秦岭分布】秦岭南北坡广泛分布。

【生境】生于路边、宅旁、旱地。

【主要危害】繁殖能力强，生长速度快，严重影响本土植物生长。

【经济价值】早春开花，花色美丽，具有一定观赏价值。

婆婆纳

Veronica polita Fries
双肾草
车前科（Plantaginaceae Juss.）婆婆纳属（*Veronica* L.）

【主要形态特征】铺散草本。茎高 10—25 厘米。叶仅 2—4 对，具短柄，叶片心形至卵形，长 5—10 毫米，边缘具钝齿，两面被长柔毛。总状花序；苞片叶状；花梗比苞片略短；花萼裂片卵形，果期稍增大，疏被短硬毛；花冠淡紫色、蓝色、粉色或白色，直径 4—5 毫米，裂片圆形至卵形；雄蕊较花冠短。蒴果近于肾形，被腺毛，宽 4—5 毫米。种子背面具横纹，长约 1.5 毫米。花期 3—10 月。

【原产地】西亚。

【中国分布】华东、华中、西南、西北及北京常见。

【秦岭分布】秦岭南北坡广泛分布。

【生境】生于荒地、路旁或农田中。

【主要危害】具有化感作用，影响本土植物生长。

【经济价值】可供药用。

细叶旱芹

Cyclospermum leptophyllum (Pers.) Sprague ex Britton & P. Wilson
茴香芹、细叶芹
伞形科（Apiaceae Lindl.）细叶旱芹属（*Cyclospermum* Lag.）

【主要形态特征】一年生草本。高 25—45 厘米。叶片长圆形至长圆状卵形，长 2—10 厘米，三回至四回羽状多裂，裂片线形至丝状；茎生叶通常羽状多裂，裂片线形。复伞形花序，无梗或少有短梗，无苞片；伞辐 2—5；小伞形花序有花 5—23；无萼齿；花瓣白色、绿白色或略带粉红色；花丝短于花瓣；花柱极短。果实圆心脏形或圆卵形，长、宽约 1.5—2 毫米。花期 5 月，果期 6—7 月。

【原产地】南美洲。

【中国分布】江苏、福建、台湾、广东、陕西等。

【秦岭分布】西安、西乡等有分布。

【生境】生于杂草地及水沟边。

【主要危害】常见杂草，分布范围较广，对当地生物多样性有一定影响。

【经济价值】其营养成分在野菜中是较高的，旱芹幼苗可作春季野菜。

119

Fl

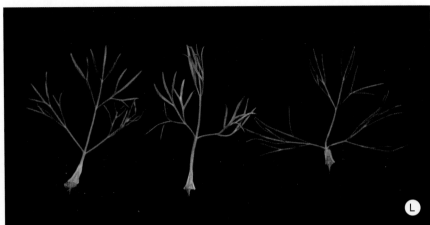

L

H

野胡萝卜

Daucus carota L.
鹤虱草、假胡萝卜
伞形科（Apiaceae Lindl.）胡萝卜属（*Daucus* L.）

【主要形态特征】二年生草本。高 15—120 厘米，有白色粗硬毛。基生叶长圆形，二回至三回羽状全裂，末回裂片线形或披针形，叶柄长 3—12 厘米；茎生叶近无柄，末回裂片小或细长。复伞形花序，花序梗长 10—55 厘米；苞片呈叶状，多羽状分裂；伞辐多数，长 2—7.5 厘米；小总苞片 5—7，线形；花通常白色；花柄长 3—10 毫米。果实圆卵形，长 3—4 毫米，棱上具刺毛。花期 5—7 月。

【原产地】欧洲。

【中国分布】四川、贵州、陕西、湖北、江西、安徽、江苏、浙江等省。

【秦岭分布】秦岭南北坡普遍分布。

【生境】生于山坡路旁、旷野或田间。

【主要危害】常见杂草，影响本土植物生长。

【经济价值】果实可入药，有驱虫作用，又可提取芳香油。

南美天胡荽

Hydrocotyle verticillata Thunb.
香菇草、铜钱草
五加科（Araliaceae Juss.）天胡荽属（*Hydrocotyle* L.）

【主要形态特征】多年生匍匐草本。茎长 10—40 厘米。叶互生，膜质，圆形或肾形，12—15 浅裂；叶柄长 6—35 厘米。复伞花序单生，长 10—30 厘米，小伞形花序有花 4—14 朵，花小，直径 2—3 毫米；基部小总苞片膜质；花瓣 5 枚，阔卵形，白色至淡黄色；雄蕊 5，与花瓣互生；花柱 2。花期 3—8 月。

【原产地】热带美洲。

【中国分布】全国各地均有栽培。

【秦岭分布】秦岭南北坡均有栽培，西安、汉中有逸生。

Fl

Fr

【生境】生于水沟和溪边草丛中潮湿处及浅水湿地。

【主要危害】繁殖能力强，危害其他植物的生长。

【经济价值】叶美丽，可供观赏，常用于公园、绿地、庭院、水景绿化，也可盆栽用于室内装饰。

豚草

Ambrosia artemisiifolia L.
普通豚草、艾叶破布草、美洲艾
菊科（Asteraceae Bercht. & J. Presl）豚草属（*Ambrosia* L.）

【主要形态特征】一年生草本。茎直立，有棱，被疏生密糙毛。下部叶对生具短柄；上部叶互生，无柄，羽状分裂。雄头状花序半球形或卵形，下垂。总苞宽半球形或碟形；总苞片全部结合。花托具刚毛状托片；每个头状花序有10—15个不育的小花；花冠淡黄色，花药卵圆形，花柱不分裂。雌头状花序无花序梗，在雄头状花序下面或在下部叶腋单生，或2—3个密集成团伞状，有1个无被能育的雌花，总苞闭合；花柱2深裂。瘦果倒卵形，无毛。花期8—9月，果期9—10月。

【原产地】中美洲和北美洲。

【中国分布】辽宁、吉林、黑龙江、河北、山东、江苏、浙江、江西、安徽、湖南、湖北、陕西。

【秦岭分布】仅见秦岭北坡渭滨区。

【生境】生于田间、路旁。

【主要危害】与当地植物产生较大竞争，影响本土植物生长，降低当地生物多样性。

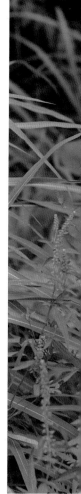

三裂叶豚草

Ambrosia trifida L.
大破布草
菊科（Asteraceae Bercht. & J. Presl）豚草属（*Ambrosia* L.）

【主要形态特征】一年生粗壮草本。叶对生，有时互生，具叶柄。叶柄被短糙毛，基部膨大，边缘有窄翅。雄头状花序多数，下垂，在枝端密集成总状花序。总苞浅碟形，绿色；小花黄色，花冠钟形。花药离生，花柱不分裂。雌头状花序在雄头状花序下面，具一个无被能育的雌花。总苞倒卵形，无毛，花柱 2 深裂，丝状。瘦果倒卵形，无毛，藏于坚硬的总苞中。花期 8 月，果期 9—10 月。

【原产地】北美洲。

【中国分布】吉林、辽宁、北京、天津、浙江、陕西。

【秦岭分布】仅见于秦岭鄠邑区。

【生境】常见于田野、路旁或河边的湿地。

【主要危害】具有化感作用，与当地植物产生较大竞争，影响本土植物生长，降低当地生物多样性。

【经济价值】全草可作收敛剂和清洁剂。

白花鬼针草

Bidens alba (L.) DC.
大花咸丰草
菊科（Asteraceae Bercht. & J. Presl）鬼针草属（*Bidens* L.）

【主要形态特征】一年生草本。茎直立，高 30—100 厘米，钝四棱形，基部直径可达 6 毫米。茎下部叶较小，3 裂或不裂，通常在开花前枯萎；中部叶具长 1.5—5 厘米无翅的柄，三出复叶，偶为 5—7 小叶的羽状复叶，长 2—4.5 厘米，宽 1.5—2.5 厘米，先端锐尖，基部有时偏斜，具短柄，边缘有锯齿，顶生小叶较大；上部叶小，3 裂或不裂。头状花序直径 8—9 毫米，有长 1—6 厘米的花序梗，果期伸长可达 10 厘米。总苞基部被短柔毛，苞片 7—8 枚，开花时长 3—4 毫米，果时长至 5 毫米，草质。头状花序边缘具舌状花 5—7 枚，舌片椭圆状倒卵形，白色，长 5—8 毫米，宽 3.5—5 毫米，先端钝或有缺刻；盘花筒状，长约 4.5 毫米，冠檐 5 齿裂。瘦果黑色，条形，略扁，具棱，长 7—13 毫米，宽约 1 毫米，上部具稀疏瘤状突起及刚毛，顶端芒刺 3—4 枚，具倒刺毛。花果期 7—9 月。

【原产地】热带美洲。

【中国分布】华东、华中、华南、西南。

【秦岭分布】秦岭南北坡均有分布。

【生境】生于村旁、路边及荒地中。

【主要危害】排斥其他草本植物，造成生物多样性降低、土壤肥力下降、作物减产。

【经济价值】可供药用。

婆婆针

Bidens bipinnata L.
刺针草、鬼针草
菊科（Asteraceae Bercht. & J. Presl）鬼针草属（*Bidens* L.）

【主要形态特征】一年生草本。茎直立，下部略具四棱。叶对生，二回羽状分裂。头状花序，花序梗长 1—5 厘米。舌状花通常 1—3 朵，不育，舌片黄色，椭圆形或倒卵状披针形。瘦果条形，略扁，具 3—4 棱，具瘤状突起及小刚毛，顶端芒刺 3—4 枚，很少 2 枚的，长 3—4 毫米，具倒刺毛。

【原产地】美洲。

【中国分布】东北、华北、华中、华东、华南、西南及陕西、甘肃等地。

【秦岭分布】秦岭南北坡均产。东端见于河南卢氏、北坡见于陕西华县、周至、眉县，南坡见于太白、丹凤、略阳及甘肃微县、成县、文县等地。

【生境】生于路边荒地、山坡及田间。

【主要危害】常见杂草，与当地植物竞争水分和营养，影响本土植物生长。

【经济价值】全草可供药用。

大狼杷草

Bidens frondosa L.
接力草、外国脱力草
菊科（Asteraceae Bercht. & J. Presl）鬼针草属（Bidens L.）

【主要形态特征】一年生草本。茎直立，分枝，高 20—120 厘米，被疏毛或无毛，常带紫色。叶对生，具柄，为一回羽状复叶，小叶 3—5 枚，披针形，长 3—10 厘米，宽 1—3 厘米，先端渐尖，边缘有粗锯齿，通常背面被稀疏短柔毛，至少顶生者具明显的柄。头状花序单生茎端和枝端，连同总苞苞片直径 12—25 毫米，高约 12 毫米。总苞钟状或半球形，外层苞片 5—10 枚，通常 8 枚，披针形或匙状倒披针形，叶状，边缘有缘毛，内层苞片长圆形，长 5—9 毫米，膜质，具淡黄色边缘，无舌状花或舌状花不发育，极不明显，筒状花两性，花冠长约 3 毫米，冠檐 5 裂；瘦果扁平，狭楔形，长 5—10 毫米，近无毛或是糙伏毛，顶端芒刺 2 枚，长约 2.5 毫米，有倒刺毛。

【原产地】北美。

【中国分布】安徽、北京、重庆、甘肃、黑龙江、河北、江西、辽宁、上海、云南、浙江、广西、湖南、吉林、江苏、贵州。

【秦岭分布】城固、长安等。

【生境】生于田野湿润处。

【主要危害】与当地植物争夺水分、养分和光能，影响本土植物生长。

【经济价值】全草可供药用。

鬼针草

【主要形态特征】一年生草本。茎直立，无毛或上部被极稀疏的柔毛。茎下部叶较小，3裂或不分裂，中部叶具长的无翅的柄，三出，小叶3枚；上部叶小，3裂或不分裂，条状披针形。头状花序直径8—9毫米，有长1—6厘米（果时长3—10厘米）的花序梗。总苞基部被短柔毛，条状匙形，上部稍宽。无舌状花，盘花筒状。瘦果黑色，条形，略扁，具棱，上部具稀疏瘤状突起及刚毛，顶端芒刺3—4枚，具倒刺毛。

【原产地】美洲。

【中国分布】产华东、华中、华南、西南各省区。

【秦岭分布】秦岭南北坡普遍分布。

【生境】生于村旁、路边及荒地中。

【主要危害】常见杂草，与当地植物竞争水分和营养，影响本土植物生长。

【经济价值】全草可供药用。

两色金鸡菊

Coreopsis tinctoria Nutt.
蛇目菊、波斯菊
菊科（Asteraceae Bercht. & J. Presl）金鸡菊属（*Coreopsis* L.）

【主要形态特征】一年生草本。茎直立，上部有分枝。叶对生，下部及中部叶有长柄，二次羽状全裂，裂片线形或线状披针形，全缘；上部叶无柄或下延成翅状柄，线形。头状花序多数，有细长花序梗，排列成伞房或疏圆锥花序状。总苞半球形，总苞片外层较短，内层卵状长圆形，顶端尖。舌状花黄色，舌片倒卵形，管状花红褐色、狭钟形。瘦果长圆形或纺锤形，两面光滑或有瘤状突起，顶端有 2 细芒。花期 5—9 月，果期 8—10 月。

【原产地】美国。

【中国分布】全国各地均有栽培。

【秦岭分布】秦岭南北坡均有栽培，太白、渭滨等有逸生。

【生境】生于林间、路旁、田间。

【主要危害】生长旺盛，繁殖能力强，影响生物多样性。

【经济价值】可供药用。

秋英

Cosmos bipinnatus Cav.
波斯菊、大波斯菊
菊科（Asteraceae Bercht. & J. Presl）秋英属（*Cosmos* Cav.）

【主要形态特征】一年生或多年生草本。根纺锤状，多须根，或近茎基部有不定根。茎无毛或稍被柔毛。叶二次羽状深裂，裂片线形或丝状线形。头状花序单生，花序梗长 6—18 厘米。总苞片外层披针形或线状披针形，近革质，淡绿色。托片平展，上端成丝状，与瘦果近等长。舌状花紫红色、粉红色或白色，舌片椭圆状倒卵形；管状花黄色，管部短，上部圆柱形，有披针状裂片。瘦果黑紫色，无毛，上端具长喙，有 2—3 尖刺。花期 6—8 月，果期 9—10 月。

【原产地】墨西哥和美国西南部。

【中国分布】在中国栽培甚广，云南、四川西部有大面积归化。

【秦岭分布】秦岭南北坡均有栽培，有时有逸生。

【生境】生于路旁、田埂、溪岸等。

【主要危害】侵占其他草本植物的生存空间，影响生物多样性。

【经济价值】全草可供药用。

野茼蒿

Crassocephalum crepidioides (Benth.) S. Moore

革命菜、昭和草

菊科（Asteraceae Bercht. & J.Presl）野茼蒿属（*Crassocephalum* Moench）

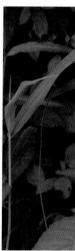

H

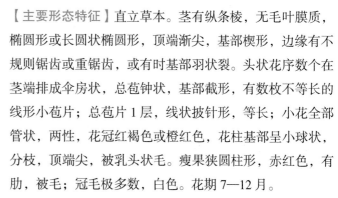

【主要形态特征】直立草本。茎有纵条棱，无毛叶膜质，椭圆形或长圆状椭圆形，顶端渐尖，基部楔形，边缘有不规则锯齿或重锯齿，或有时基部羽状裂。头状花序数个在茎端排成伞房状，总苞钟状，基部截形，有数枚不等长的线形小苞片；总苞片1层，线状披针形，等长；小花全部管状，两性，花冠红褐色或橙红色，花柱基部呈小球状，分枝，顶端尖，被乳头状毛。瘦果狭圆柱形，赤红色，有肋，被毛；冠毛极多数，白色。花期7—12月。

【原产地】非洲。

【中国分布】江西、福建、湖南、湖北、广东、广西、贵州、云南、四川、西藏。

【秦岭分布】秦岭南坡石泉、宁陕和略阳等有分布。

【生境】生于山坡路旁、水边、灌丛中。

【主要危害】侵占其他草本植物的生存空间，影响生物多样性。

【经济价值】全草可供药用。

一年蓬

Erigeron annuus (L.) Pers.

治疟草、千层塔

菊科（Asteraceae Bercht. & J. Presl）飞蓬属（*Erigeron* L.）

【主要形态特征】一年生或二年生草本。茎粗壮，直立，上部有分枝，下部被开展的长硬毛，上部被短硬毛。基部叶花期枯萎，长圆形或宽卵形，基部狭成具翅的长柄，边缘具粗齿，下部叶与基部叶同形，但叶柄较短，中部和上部叶较小，长圆状披针形或披针形，具短柄或无柄，最上部叶线形。头状花序数个或多数，排列成疏圆锥花序，总苞半球形，背面密被腺毛和疏长节毛；外围的雌花舌状；中央的两性花管状，黄色；瘦果披针形，扁压，被疏贴柔毛。花期6—9月。

【原产地】北美洲。

【中国分布】广泛分布于吉林、河北、河南、陕西、山东、江苏、安徽、江西、福建、湖南、湖北、四川和西藏等省区。

【秦岭分布】秦岭南北坡广泛分布，海拔高度可达2000米以上。

【生境】常生于路边、旷野或山坡荒地等。

【主要危害】繁殖能力强，具有较强扩散能力，很容易形成单一优势种群，与当地植物产生较大竞争，严重影响本土植物生长，降低当地生物多样性。

【经济价值】全草可供药用。

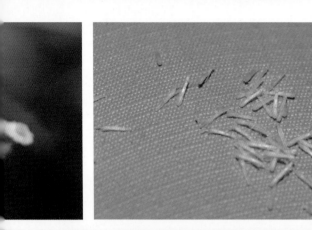

Fl

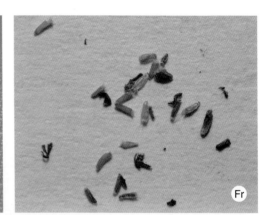

Fr

H

香丝草

Erigeron bonariensis L.
灰绿白酒草，美洲假蓬，野塘蒿
菊科（Asteracea Bercht. & J. Presl）飞蓬属（*Erigeron* L.）

【主要形态特征】一年生或二年生草本。根纺锤状。茎直立或斜升，中部以上常分枝，密被贴短毛。叶密集，基部叶花期常枯萎，下部叶倒披针形或长圆状披针形；中部和上部叶具短柄或无柄，狭披针形或线形。头状花序多数，在茎端排列成总状或总状圆锥花序；总苞椭圆状卵形，背面密被灰白色短糙毛。花托稍平，有明显的蜂窝孔。雌花多层，白色，花冠细管状；两性花淡黄色，花冠管状，管部上部被疏微毛。瘦果线状披针形，扁压，被疏短毛；冠毛1层，淡红褐色。花期5—10月。

【原产地】南美洲。

【中国分布】产于中部、东部、南部至西南部各省区。

【秦岭分布】秦岭南北坡均有分布。

【生境】常生于荒地、田边、路旁，为一种常见的杂草。

【主要危害】繁殖能力强，具有较大生物量，严重影响本土植物生长，降低当地生物多样性。

【经济价值】全草可供药用。

小蓬草 | *Erigeron canadensis* L.

飞蓬、加拿大蓬、小白酒草、小飞蓬、蒿子草
菊科（Asteraceae Bercht. & J. Presl）飞蓬属（*Erigeron* L.）

【主要形态特征】一年生草本。根纺锤状，具纤维状根。茎直立，被疏长硬毛，上部多分枝。叶密集，基部叶花期常枯萎，下部叶倒披针形，中部和上部叶较小，线状披针形或线形，近无柄或无柄。头状花序多数，排列成顶生多分枝的大圆锥花序；花序梗细，总苞近圆柱状；总苞片2—3层，淡绿色，线状披针形或线形；花托平，具不明显的突起；雌花多数，舌状，白色，线形；两性花淡黄色，花冠管状，管部上部被疏微毛。瘦果线状披针形，稍扁压，被贴微毛。花期5—9月。

【原产地】北美洲。

【中国分布】南北各省区均有分布。

【秦岭分布】秦岭南北坡广泛分布。

【生境】常生于旷野、荒地、田边和路旁，为一种常见的杂草。

【主要危害】具有化感作用，繁殖能力强，具有较大生物量，很容易形成单一优势种群，与当地植物产生较大竞争，严重影响本土植物生长，降低当地生物多样性。

【经济价值】全草可供药用。

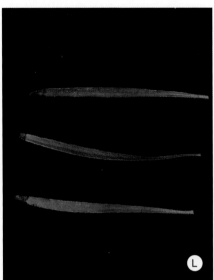

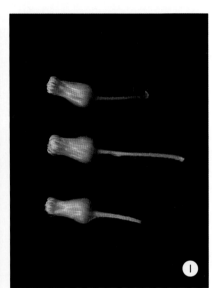

春飞蓬

Erigeron philadelphicus L.
春一年蓬，费城飞蓬
菊科（*Asteraceae* Bercht. & J. Presl）飞蓬属（*Erigeron* L.）

【主要形态特征】叶互生，基生叶基部楔形下延成具翅长柄，叶柄基部常带紫红色，两面被倒伏的硬毛，茎生叶半抱茎；中上部叶披针形或条状线形，边缘有疏齿，被硬毛。头状花序数枚，排成伞房或圆锥状花序；总苞半球形，背面被毛；舌状花2层，雌性，舌片线形，平展，舌状花白色略带粉红色；管状花两性，黄色。瘦果披针形，压扁，被疏柔毛；雌花瘦果冠毛1层；两性花瘦果冠毛2层。

【原产地】北美洲。

【中国分布】浙江、福建、安徽、江苏、上海等。

【秦岭分布】秦岭长安、鄠邑等地有分布。

【生境】生于路旁、旷野、山坡、林缘及林下。

【主要危害】具有化感作用，繁殖能力强，具有较大生物量，严重影响本土植物生长，降低当地生物多样性。

【经济价值】具有一定药用价值。

苏门白酒草

Erigeron sumatrensis Retz.
苏门白酒菊
菊科（Asteraceae Bercht. & J. Presl）飞蓬属（*Erigeron* L.）

【主要形态特征】一年生或二年生草本。根纺锤状，直或弯。茎粗壮，直立，具条棱，绿色或下部红紫色，被较密灰白色上弯糙短毛。叶密集，基部叶花期凋落，下部叶倒披针形或披针形，中部和上部叶渐小，狭披针形或近线形。头状花序多数，在茎枝端排列成大而长的圆锥花序；总苞卵状短圆柱状，总苞片3层，灰绿色，线状披针形或线形；花托稍平，具明显小窝孔；雌花多层，管部细长，舌片淡黄色或淡紫色，极短细；两性花6—11个，花冠淡黄色。瘦果线状披针形。花期5—10月。

【原产地】南美洲。

【中国分布】云南、贵州、广西、广东、海南、江西、福建、台湾、陕西。

【秦岭分布】长安、鄠邑、渭滨等。

【生境】常生于山坡草地、旷野、路旁。

【主要危害】繁殖能力强，具有较大生物量，严重影响本土植物生长，降低当地生物多样性。

【经济价值】具有一定药用价值。

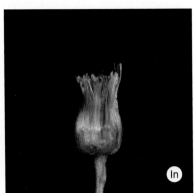

牛膝菊

Galinsoga parviflora Cav.
小米菊、向阳花、辣子草
菊科（Asteraceae Bercht.& J.Presl）牛膝菊属（*Galinsoga* Ruiz & Pav.）

【主要形态特征】一年生草本。茎纤细，全部茎枝被疏散或上部稠密的贴伏短柔毛和少量腺毛。叶对生，卵形或长椭圆状卵形，基出三脉或不明显五出脉；全部茎叶两面粗涩，被白色稀疏贴伏的短柔毛。头状花序半球形，多数在茎枝顶端排成疏松的伞房花序。总苞半球形或宽钟状；总苞片1—2层，约5个。舌状花4—5个，舌片白色；管状花花冠长约1毫米，黄色。瘦果黑色或黑褐色，常压扁，被白色微毛。舌状花冠毛毛状，脱落；管状花冠毛膜片状，白色。花果期7—10月。

【原产地】南美洲。

【中国分布】产四川、云南、贵州、西藏、陕西、台湾等省区。

【秦岭分布】见于秦岭太白、长安、凤县等地。

【生境】生于林下、河谷地、荒野、河边、田间、溪边或市郊路旁。

【主要危害】繁殖能力强，生长速度较大，影响本土植物生长，降低当地生物多样性。

【经济价值】全草可供药用。

粗毛牛膝菊

Galinsoga quadriradiata Ruiz & Pav.

睫毛牛膝菊、粗毛辣子草、粗毛小米菊、珍珠草

菊科（Asteraceae Bercht.& J.Presl）牛膝菊属（*Galinsoga* Ruiz & Pav.）

【主要形态特征】一年生草本。茎多分枝，具浓密刺芒和细毛。单叶，对生，具叶柄，卵形至卵状披针形，叶缘细锯齿状。头状花多数，顶生，具花梗，呈伞形状排列；总苞近球形，绿色；舌状花5，白色；筒状花黄色，多数，具冠毛。果实为瘦果，黑色。

【原产地】墨西哥。

【中国分布】全国南北各地广泛分布。

【秦岭分布】秦岭南北坡广泛分布。

【生境】生于林下路旁。

【主要危害】繁殖能力强，具有较强扩散能力，很容易形成单一优势种群，与当地植物产生较大竞争，严重影响本土植物生长，降低当地生物多样性。

野莴苣

Lactuca serriola L.
刺莴苣、毒莴苣、阿尔泰莴苣
菊科（Asteraceae Bercht. & J. Presl）莴苣属（*Lactuca* L.）

【主要形态特征】二年生草本。茎单生，直立，无毛或有白色茎刺，上部圆锥状花序分枝或自基部分枝。中下部茎叶倒披针形或长椭圆形，倒向羽状或羽状浅裂或深裂，有时茎叶不裂，宽线形，无柄，基部箭头状抱茎，顶裂片与侧裂片等大，三角状卵形或菱形，或侧裂片集中在叶的下部或基部而顶裂片较长，宽线形，三角状镰刀形或卵状镰刀形。最下部茎叶及接圆锥花序下部的叶与中下部茎叶同形，线状披针形，全部叶或裂片边缘有细齿或全缘，下面沿中脉有刺毛。头状花序多数，在茎枝顶端排成圆锥状花序。总苞果期卵球形。舌状小花 15—25 枚，黄色。瘦果倒披针形，压扁，上部有稀疏上指的短糙毛，每面有高起的细肋，顶端急尖成细丝状的喙。冠毛白色，微锯齿状。花果期 6—8 月。

【原产地】地中海地区。

【中国分布】分布于新疆、黄河以南各省，多有逸生。

【秦岭分布】秦岭南北坡浅山区均有分布。

【生境】生于荒地、路旁、河滩砾石地、山坡石缝中及草地。

【主要危害】与当地植物争夺水分、养分和光能，影响本土植物生长。

欧洲千里光

Senecio vulgaris L.
欧千里光
菊科（Asteraceae Bercht. & J. Presl）千里光属（*Senecio* L.）

【主要形态特征】一年生草本。茎单生，直立；叶无柄，全形倒披针状匙形或长圆形，羽状浅裂至深裂；侧生裂片 3—4 对，长圆形或长圆状披针形；中部叶基部扩大且半抱茎；上部叶较小，线形。头状花序无舌状花，排列成顶生密集伞房花序；花序梗有疏柔毛或无毛。总苞钟状，具外层苞片；苞片线状钻形；总苞片 18—22，线形。舌状花缺如，管状花多数；花冠黄色。瘦果圆柱形，沿肋有柔毛；冠毛白色。花期 4—10 月。

【原产地】欧洲。

【中国分布】吉林、辽宁、内蒙古、陕西、四川、贵州、云南、西藏。

【秦岭分布】秦岭太白、凤县、略阳、鄠邑等地有分布。

【生境】生于山坡、草地及道路两侧。

【主要危害】含有生物碱，家畜摄入后会引起肝中毒。

水 飞 蓟

Silybum marianum (L.) Gaertn.
老鼠筋、奶蓟、水飞雉
菊科（Asteraceae Bercht. & J. Presl）水飞蓟属（*Silybum* Vaill. ex Adans.

【主要形态特征】一年生或二年生草本。茎直立，分枝，有条棱，极少不分枝。莲座状基生叶与下部茎叶有叶柄，全形椭圆形或倒披针形，羽状浅裂至全裂。全部叶两面同色，绿色，具大型白色花斑，边缘或裂片边缘及顶端有坚硬的黄色的针刺。植株含多数头状花序。总苞球形或卵球形。小花红紫色，少有白色。瘦果压扁，有线状长椭圆形的深褐色色斑，顶端有果缘，果缘边缘全缘。冠毛多层，刚毛状，白色。花果期5—10月。

【原产地】西亚、北非、南欧等地中海地区。

【中国分布】全国各地公园、植物园或庭院都有栽培或逸生。

【秦岭分布】秦岭南北坡均有栽培，临渭、渭滨等有分布。

【生境】生于路旁、庭院、山坡荒地等。

【主要危害】与当地植物争夺水分、养分和光能，影响本土植物生长。

【经济价值】可供药用。

加拿大一枝黄花

Solidago canadensis L.
麒麟草、幸福草、黄莺、金棒草
菊科（Asteraceae Bercht. & J. Presl）一枝黄花属（*Solidago*）

【主要形态特征】多年生草本。有长根状茎。茎直立。叶披针形或线状披针形。头状花序很小，在花序分枝上单面着生，多数弯曲的花序分枝与单面着生的头状花序，形成开展的圆锥状花序。总苞片线状披针形。边缘舌状花很短。

【原产地】北美洲。

【中国分布】全国公园及植物园引种栽培，供观赏，常有逸生。

【秦岭分布】秦岭南北坡均有栽培，时有逸生。

【生境】常见于山坡、河岸、路边、农田旁。

【主要危害】繁殖能力强，生物量巨大，易形成优势种群，常导致生态平衡，严重影响生物多样性。

【经济价值】全草可供药用。

花叶滇苦菜

Sonchus asper (L.) Hill.
断续菊、续断菊
菊科（Asteraceae Bercht. & J. Presl）苦苣菜属（*Sonchus* L.）

L

I

In

H

【主要形态特征】一年生草本。根倒圆锥状，垂直直伸。茎单生或少数茎成簇生。直立，有纵纹或纵棱。基生叶与茎生叶同型，中下部茎叶长椭圆形、倒卵形、匙状或匙状椭圆形，柄基耳状抱茎或基部无柄，耳状抱茎；上部茎叶圆耳状抱茎。下部叶或全部茎叶羽状浅裂、半裂或深裂。全部叶及裂片与抱茎的圆耳边缘有尖齿刺。头状花序 5—10 个在茎枝顶端排成稠密的伞房花序。全部苞片顶端急尖，外面光滑无毛。舌状小花黄色。瘦果倒披针状，压扁，两面各有 3 条细纵肋，肋间无横皱纹。冠毛白色。花果期 5—10 月。

【原产地】欧洲和地中海。

【中国分布】广西、山东、浙江、西藏、新疆、江苏、湖北、陕西、台湾、四川、安徽、云南、江西。

【秦岭分布】秦岭南北坡均有分布。

【生境】生于山坡、林缘及水边。

【主要危害】危及引种地的自然生态系统，导致生态失衡。

【经济价值】全草可供药用。

钻叶紫菀

Symphyotrichum subulatum (Michx.) G. L. Nesom
美洲紫菀、窄叶紫菀、钻形紫菀
菊科（Asteraceae Bercht. & J. Presl）联毛紫菀属（*Symphyotrichum* Nees）

【主要形态特征】一年生草本。主根圆柱状，茎单一，直立，光滑无毛。基生叶在花期凋落；茎生叶多数，叶片披针状线形，全部叶无柄。头状花序极多数；总苞钟形，光滑无毛。雌花花冠舌状，舌片淡红色、红色、紫红色或紫色，线形，常卷曲，两性花花冠管状，先端5齿裂。瘦果线状长圆形，疏被白色微毛。花果期6—10月。

【原产地】北美洲。

【中国分布】江苏、浙江、江西、湖北、湖南、四川、贵州均有逸生。

【秦岭分布】秦岭南北坡普遍分布。

【生境】生于河道滩地、路旁、草地、沟渠。

【主要危害】生长耗费大量土壤营养，使其他植物难以生存。

【经济价值】可供药用。

意大利苍耳

Xanthium strumarium subsp. *italicum* (Moretti) D.Löve

菊科（Asteraceae Bercht.& J.Presl）苍耳属（*Xanthium* L.）

【主要形态特征】一年生草本。侧根分支很多。茎直立，粗壮，基部木质化，有棱，常多分枝，粗糙具毛，有紫色斑点。单叶互生，或茎下部叶近于对生；叶片三角状卵形至宽卵形，两面被短硬毛。头状花序单性同株；雄花序生于雌花序的上方；雌花序具2花；总苞结果时长圆形，外面特化成倒钩刺，刺上被白色透明的刚毛和短腺毛。

【原产地】欧洲和北美洲。

【中国分布】华北、陕西等地均发现有该种的分布。

【秦岭分布】秦岭北坡渭滨、周至、鄠邑、临渭等有分布。

【生境】生于田间、路边、空地等。

【主要危害】繁殖能力强，具有较强扩散能力，很容易形成单一优势种群，与当地植物产生较大竞争。

【经济价值】可供药用。

下　篇

待观察种

日本落叶松

Larix kaempferi (Lamb.) Carr.

松科（Pinaceae Sprenq.ex F.Rudolphi）落叶松属（*Larix* Mill.）

【主要形态特征】乔木，高达30米，胸径1米。树皮暗褐色，成鳞片状脱落；幼枝有淡褐色柔毛，后渐脱落；短枝上历年叶枕形成的环痕特别明显；冬芽紫褐色，顶芽近球形，基部芽鳞边缘有睫毛。叶倒披针状条形，长1.5—3.5厘米，宽1—2毫米，先端微尖或钝，两面均有气孔线，通常5—8条。雄球花淡褐黄色，卵圆形，长6—8毫米，径约5毫米；雌球花紫红色，苞鳞反曲，有白粉，先端三裂，中裂急尖。球果卵圆形或圆柱状卵形，熟时黄褐色，长2—3.5厘米，径1.8—2.8厘米，种鳞上部边缘波状，显著地向外反曲；苞鳞紫红色，窄矩圆形，长7—10毫米，基部稍宽，上部微窄，先端三裂，中肋延长成尾状长尖，不露出；种子倒卵圆形，长3—4毫米，径约2.5毫米，具翅。花期4—5月，球果10月成熟。

【原产地】日本。

【中国分布】在黑龙江、吉林、辽宁、河北、北京、天津、河南、山东、江西、陕西等地用之造林，生长良好。

【秦岭分布】秦岭北坡长安有少量种植，秦岭南坡有大面积人工栽植，有少部分自然更新。

【生境】日本落叶松是秦岭南北坡造林树种，主要分布在海拔1500—2000米的区域。

【主要危害】入侵性较小，一旦成林可造成其他物种难以更新。

【经济价值】日本落叶松，树干端直，姿态优美，叶色翠绿，适应范围广，生长初期较快，抗病性较强，是优良的园林树种，应用十分广泛。木材力学性能较高，有较好的耐腐性，可做建筑材料和工业用材的原料，并可从其木材中提取松节油、酒精、纤维素等化学物品，用途很广。

黄菖蒲

Iris pseudacorus L.
黄花菖蒲、黄鸢尾
鸢尾科（Iridaceae Juss.）鸢尾属（*Iris* L.）

【主要形态特征】多年生草本。植株基部围有少量老叶残留的纤维。根状茎粗壮，斜伸，节明显，黄褐色；须根黄白色，有皱缩的横纹。基生叶宽剑形，中脉较明显。花茎粗壮，有明显的纵棱，上部分枝，茎生叶比基生叶短而窄；苞片披针形；花黄色；雄蕊长约 3 厘米，花丝黄白色，花药黑紫色；花柱分枝淡黄色，子房绿色，三棱状柱形。花期 5 月，果期 6—8 月。

【原产地】非洲北部、欧洲至亚洲。

【中国分布】全国各地常见栽培。

【秦岭分布】秦岭南北坡均有栽培，渭滨区偶见逸生。

【生境】生于河道湿地。

【主要危害】植株有毒，误食会引起中毒，汁液会引起人的皮肤过敏。

入侵性弱，未形成明显危害。

【经济价值】可供药用，也可以作染料。

弯叶画眉草

【主要形态特征】多年生草本。秆密丛生，直立，基部稍压扁，一般具有5—6节，叶鞘基部相互跨覆，长于节间数倍，而上部叶鞘又比节间短。下部叶鞘粗糙并疏生刺毛，鞘口具长柔毛；叶片细长丝状，向外弯曲。圆锥花序开展，花序主轴及分枝单生、对生或轮生，平展或斜上升，二次分枝和小穗柄贴生紧密，小穗柄极短，分枝腋间有毛；颖披针形，先端渐尖，均具1脉；第一外稃广长圆形，先端尖或钝，具3脉；内稃与外稃近等长，具2脊，无毛，先端圆钝，宿存或缓落；雄蕊3枚。花果期4—9月。

【原产地】非洲。

【中国分布】江苏、湖北、陕西、广西均有栽培。

【秦岭分布】秦岭北坡有时有栽培，偶有逸生。

【生境】生于路边荒地。

【主要危害】入侵性弱，未形成明显危害。

【经济价值】常栽培作牧草或布置庭院。

绒毛草

Holcus lanatus L.

禾本科（Poaceae Barnhart）绒毛草属（*Holcus* L.）

【主要形态特征】须根稀疏。秆直立或基部弯曲，被柔毛，具4—5节。叶鞘松弛，密生绒毛；叶舌膜质，顶端截平或具裂齿；叶片扁平，两面均被柔毛。圆锥花序较紧密，似穗状，分枝被短毛，斜上升；小穗灰白色或带紫色；颖几相等，背部被微毛，脉上具短硬毛，第一颖具1脉，第二颖具3脉；第一外稃成熟后质变硬；内稃约与外稃等长；鳞被2，线形；雄蕊3，花药长约2毫米；雌蕊具短花柱；第二外稃背部具1钩状芒；内稃较短；花药细小，长约1.5毫米。花果期5—10月。

【原产地】欧洲。

【中国分布】江西、台湾、云南有栽培，陕西有逸生。

【秦岭分布】仅见秦岭宁陕有逸生。

【生境】生于草地或潮湿处。

【主要危害】入侵性弱，未形成明显危害。

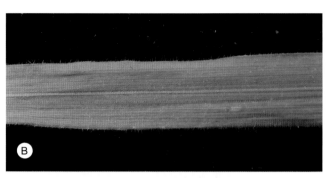

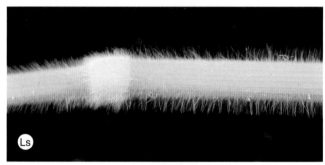

梯牧草

Phleum pratense L.
猫尾草

禾本科（Poaceae Barnhart）梯牧草属（*Phleum* L.）

【主要形态特征】多年生草本。须根稠密，有短根茎。秆直立，基部常球状膨大并宿存枯萎叶鞘。叶鞘松弛，短于或下部者长于节间，光滑无毛；叶舌膜质；叶片扁平，两面及边缘粗糙。圆锥花序圆柱状；小穗长圆形；颖膜质，具 3 脉，脊上具硬纤毛，顶端平截；外稃薄膜质，具 7 脉，脉上具微毛，顶端钝圆；内稃略短于外稃；颖果长圆形。花果期 6—8 月。

【原产地】欧洲。

【中国分布】安徽、河北、黑龙江、河南、陕西、山东、新疆、云南等地栽培或逸生。

【秦岭分布】周至、太白、长安、渭滨、凤县等地均有分布。

【生境】生于路旁、田野与荒芜场所。

【主要危害】入侵性弱，未形成明显危害。

【经济价值】作为饲用价值较高的优良牧草。

虞美人

Papaver rhoeas L.
丽春花、赛牡丹、仙女蒿
罂粟科（Papaveraceae Juss.）罂粟属（*Papaver* L.）

【主要形态特征】一年生草本。全体被伸展的刚毛。茎直立，高25—90厘米，具分枝，被淡黄色刚毛。叶互生，叶片轮廓披针形或狭卵形，长3—15厘米，宽1—6厘米，羽状分裂，下部全裂，上部深裂或浅裂，两面被淡黄色刚毛；下部叶具柄，上部叶无柄。花梗被淡黄色平展的刚毛。萼片2，绿色，外面被刚毛；花瓣4，长2.5—4.5厘米，紫红色，基部通常具深紫色斑点；雄蕊多数，花丝丝状，深紫红色，花药长圆形，长约1毫米，黄色；子房倒卵形，长7—10毫米，无毛，柱头5—18，辐射状，连合成盘状体。蒴果宽倒卵形，长1—2.2厘米，无毛。种子多数，长约1毫米。花果期3—8月。

【原产地】欧洲。

【中国分布】全国各地常见栽培。

【秦岭分布】秦岭南北坡均有栽培，时有逸生。

【生境】生于林缘开阔地。

【主要危害】入侵性弱，未形成明显危害。

【经济价值】花和全株可供药用。

五叶地锦

Parthenocissus quinquefolia (L.) Planch.
美国地锦、美国爬山虎
葡萄科（Vitaceae Juss.）地锦属（*Parthenocissus* Planch.）

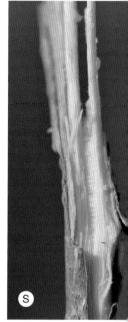

【主要形态特征】木质藤本。卷须5—9分枝，卷须顶端遇附着物扩大成吸盘。叶掌状5小叶，小叶倒卵圆形、倒卵椭圆形或外侧小叶椭圆形，长5.5—15厘米，宽3—9厘米；侧脉5—7对；叶柄长5—14.5厘米。圆锥状多歧聚伞花序；花蕾椭圆形；萼碟形；花瓣5，长椭圆形；雄蕊5，花药长椭圆形；子房卵锥形，柱头不扩大。果实球形，有种子1—4颗；种子倒卵形，顶端圆形，基部急尖成短喙。花期6—7月，果期8—10月。

【原产地】北美东部。

【中国分布】东北、华北、西北、华东、华中等地常见栽培或逸生。

【秦岭分布】秦岭南北坡均有栽培或逸生。

【生境】生于道路旁边、岩石缝等。

【主要危害】入侵性弱，未形成明显危害。

【经济价值】是优良的城市垂直绿化植物树种。

南苜蓿

Medicago polymorpha L.
金花菜、黄花草子
豆科（Fabaceae Lindl.）苜蓿属（*Medicago* L.）

【主要形态特征】一年生或二年生草本，高20—90厘米。茎平卧、上升或直立，近四棱形，基部分枝。羽状三出复叶；托叶大，基部耳状，边缘具不整齐条裂，成丝状细条或深齿状缺刻；小叶长7—20毫米，宽5—15毫米，纸质，边缘在三分之一以上具浅锯齿。花序头状伞形；萼钟形，无毛或稀被毛；花冠黄色，旗瓣倒卵形，比翼瓣和龙骨瓣长，翼瓣长圆形，基部具耳和稍阔的瓣柄，齿突甚发达，龙骨瓣基部具小耳，成钩状。荚果盘形，暗绿褐色，顺时针方向紧旋1.5—6圈，每圈具棘刺或瘤突15枚。种子长肾形，棕褐色，平滑。花期3—5月，果期5—6月。

【原产地】北非、西亚、南欧。

【中国分布】产长江流域以南各省区，以及陕西和甘肃。

【秦岭分布】秦岭南坡安康、勉县有少量分布。

【生境】生于路边荒地。

【主要危害】入侵性弱，未形成明显危害。

【经济价值】作为较好的绿肥和饲料植物，嫩叶可食用。

L

ST

紫苜蓿

Medicago sativa L.
苜蓿
豆科（Fabaceae Lindl.）苜蓿属（*Medicago* L.）

【主要形态特征】多年生草本，高 30—100 厘米。根粗壮，深入土层，根颈发达。茎直立、丛生以至平卧，四棱形。羽状三出复叶；托叶卵状披针形；小叶长卵形、倒长卵形至线状卵形，长 5—40 毫米，宽 3—10 毫米，纸质，先端钝圆，具由中脉伸出的长齿尖，边缘三分之一以上具锯齿，上面无毛，下面被贴伏柔毛。花序总状或头状，长 1—2.5 厘米，具花 5—30 朵；花梗短，长约 2 毫米；萼钟形，被贴伏柔毛；花冠各色：淡黄、深蓝至暗紫色，花瓣均具长瓣柄，旗瓣长圆形，明显较翼瓣和龙骨瓣长。荚果螺旋状紧卷 2—6 圈，熟时棕色。种子卵形，平滑，黄色或棕色。花期 5—7 月，果期 6—8 月。

【原产地】西亚。

【中国分布】全国各地都有栽培或呈半野生状态。

【秦岭分布】秦岭南北坡普遍栽培，常有逸生。

【生境】生于田边、路旁、旷野、草原、河岸及沟谷等地。

【主要危害】入侵性弱，未形成明显危害。

【经济价值】广泛种植为饲料与牧草。

Fr

Fl

H

大麻

Cannabis sativa L.
火麻、野麻、胡麻、线麻、麻
大麻科（Cannabaceae Martinov）大麻属（*Cannabis* L.）

【主要形态特征】一年生草本，高1—3米。枝具纵沟槽，密生灰白色贴伏毛。叶掌状全裂，裂片长7—15厘米，中裂片最长，宽0.5—2厘米，先端渐尖，基部狭楔形，表面深绿，微被糙毛，边缘具向内弯的粗锯齿；叶柄长3—15厘米，密被灰白色贴伏毛；托叶线形。雄花序长达25厘米；花黄绿色，花被5，膜质，外面被细伏贴毛，雄蕊5，花药长圆形；雌花绿色；花被1，紧包子房，略被小毛；子房近球形。瘦果为宿存黄褐色苞片所包，果皮坚脆，表面具细网纹。花期5—6月，果期为7月。

【原产地】中亚。

【中国分布】全国各地有栽培或沦为野生，新疆常见野生。

【秦岭分布】秦岭各县广泛栽培，有时逸生。

【生境】生于山坡、农田、路边、荒地等。

【主要危害】一般性农田杂草，可在结果前拔除，入侵性较弱，未造成危害。

【经济价值】可供药用。

关节酢浆草

Oxalis articulata Savigny
紫心酢浆草
酢浆草科（Oxalidaceae R. Br.）酢浆草属（*Oxalis* L.）

【主要形态特征】多年生草本。地下具块茎，为长圆形，且有关节。茎匍匐或披散。叶互生或基生，指状复叶，通常有3小叶，小叶在闭光时闭合下垂；无托叶或托叶极小。花基生或为聚伞花序式，总花梗腋生或基生；花黄色、红色、淡紫色或白色；萼片5，覆瓦状排列；花瓣5，覆瓦状排列，有时基部微合生；雄蕊10，长短互间，全部具花药，花丝基部合生或分离；子房5室，每室具1至多数胚珠，花柱5，常2型或3型，分离。果为室背开裂的蒴果，果瓣宿存于中轴上。种子具2瓣状的假种皮，种皮光滑。有横或纵肋纹；胚乳肉质，胚直立。

【原产地】南美洲。

【中国分布】陕西、安徽、北京、河南、湖南、湖北、山东、江苏、云南、浙江。

【秦岭分布】秦岭南北坡浅山区常见栽培，亦有逸生。

【生境】不耐荫蔽，生于花园、草地、路旁等。

【主要危害】入侵性较小，未形成明显危害。

【经济价值】优良的地被花卉，适合用于花坛、花境、疏林地及林缘大片种植。

红花酢浆草

Oxalis corymbosa DC.
紫花酢浆草、南天七、铜锤草、大酸味草
酢浆草科（Oxalidaceae R. Br.）酢浆草属（*Oxalis* L.）

【主要形态特征】多年生草本。具球状鳞茎。叶基生；小叶3，扁圆状倒心形，先端凹入；通常两面或有时仅边缘有干后呈棕黑色的小腺体。二歧聚伞花序排列成伞形花序，总花梗长10—40厘米；花梗长5—25毫米，每花梗具苞片2枚；萼片5，披针形，先端有暗红色长圆形的小腺体2枚，顶部腹面被疏柔毛；花瓣5，倒心形，长1.5—2厘米，为萼长的2—4倍，淡紫色至紫红色，基部颜色较深；雄蕊10枚，长的5枚超出花柱，另5枚长至子房中部，花丝被长柔毛；子房5室，花柱5，被锈色长柔毛，柱头浅2裂。花果期3—12月。

【原产地】南美热带地区。

【中国分布】河北、陕西、华东、华中、华南、四川和云南等。

【秦岭分布】秦岭南北坡均有栽培，偶有逸生。

【生境】生于路边荒地。

【主要危害】入侵性较小，未形成明显危害。

【经济价值】全草可供药用。

银边翠

Euphorbia marginata Pursh.
高山积雪
大戟科（Euphorbiaceae Juss.）大戟属（*Euphorbia* L.）

【主要形态特征】一年生草本。茎多分枝，高 60—80 厘米。叶互生，椭圆形，长 5—7 厘米，先端钝，绿色，全缘；无柄或近无柄；总苞叶椭圆形，长 3—4 厘米。全缘，绿色具白边；伞幅 2—3；苞叶椭圆形，近无柄花序单生或数个聚伞状；总苞钟状；腺体 4，半圆形，边缘具白色附属物。雄花多数；苞片丝状；雌花 1 枚，子房柄较长；子房密被柔毛；花柱 3；柱头 2 裂。蒴果近球状。种子圆柱状，被瘤或短刺或不明显的突起。花果期 6—9 月。

【原产地】北美洲。

【中国分布】全国大多数地区均有栽培，常见于植物园、公园等处，供观赏。

【秦岭分布】秦岭北坡有栽培，偶有逸生。

【生境】生于村庄荒地。

【主要危害】入侵性较弱，未形成危害。

【经济价值】可供药用。

蓖麻

Ricinus communis L.
大麻子、老麻子、草麻
大戟科（Euphorbiaceae Juss.）蓖麻属（*Ricinus* L.）

【主要形态特征】一年生草本或草质灌木。叶宽大，近圆形，掌状 7—11 裂，边缘具锯齿；叶柄长可达 40 厘米，具腺体；托叶长三角形，早落。总状花序或圆锥花序；苞片膜质，早落；雄花雄蕊束众多；雌花子房卵状，密生软刺或无刺，花柱红色，密生突起。蒴果卵球形或近球形，果皮具软刺或平滑；种子椭圆形；种阜大。花期全年或 6—9 月（栽培）。

【原产地】东非。

【中国分布】全国南北各省均有栽培或逸生。

【秦岭分布】秦岭南北坡均有栽培或逸生。

【生境】生于村庄房前屋后或路边。

【主要危害】种子有剧毒，可使人中毒甚至死亡。

【经济价值】可供药用。

L

Pi Sta

Sta

Fr

Se

亚麻

Linum usitatissimum L.
山西胡麻、壁虱胡麻、鸦麻
亚麻科（Linaceae DC. ex Perleb）亚麻属（*Linum* L.）

【主要形态特征】一年生草本，高 30—120 厘米。叶互生，线形、线状披针形或披针形，无柄。花单生，组成聚伞花序；萼片 5，卵形或卵状披针形，全缘，宿存；花瓣 5，倒卵形，蓝色或紫蓝色；雄蕊 5 枚，花丝基部合生；退化雄蕊钻状；子房 5 室，花柱分离。蒴果球形，室间开裂成 5 瓣；种子扁长圆形，棕褐色。花期 6—8 月，果期 7—10 月。

【原产地】地中海。

【中国分布】全国各地皆有栽培，但以北方和西南地区较为普遍，有时逸为野生。

【秦岭分布】秦岭各县均有种植，偶有逸生。

【生境】多生于山坡和路旁。

【主要危害】入侵性较弱，未形成明显危害。

【经济价值】作为重要的纤维、油料和药用植物。

Ⓗ

山桃草

Oenothera lindheimeri（Engelm. & Gray）W.L. Wagner & Hoch
白蝶花、白桃花、紫叶千鸟花
柳叶菜科（Onagraceae Juss.）月见草属（*Oenothera* L.）

【主要形态特征】多年生草本。茎高 60—100 厘米，被柔毛。叶椭圆状披针形或倒披针形，长 3—9 厘米，边缘具波状齿。穗状花序，分枝或少分枝；苞片狭椭圆形、披针形或线形。花管长 4—9 毫米；萼片被长柔毛，花开放时反折；花瓣白色，后变粉红，倒卵形或椭圆形；花药带红色；花柱近基部有毛；柱头 4 裂。蒴果狭纺锤形，熟时褐色，具棱。种子卵状，淡褐色。花期 5—8 月，果期 8—9 月。
【原产地】北美洲。

【中国分布】北京、山东、江苏、浙江、江西、陕西、香港等有引种。

【秦岭分布】秦岭南北坡有引种栽培，偶有逸生。

【生境】常见于路边。

【主要危害】入侵性弱，未形成明显危害。

【经济价值】极具观赏性，也可作插花。

弯曲碎米荠

Cardamine flexuosa With.

高山碎米荠、卵叶弯曲碎米荠、柔弯曲碎米荠、峨眉碎米荠

十字花科（Brassicaceae Burnett）碎米荠属（*Cardamine* L.）

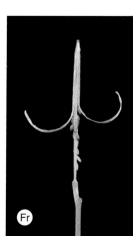

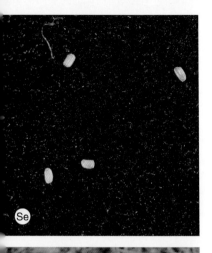

【主要形态特征】一年生或二年生草本，高达 30 厘米。茎自基部多分枝，斜升呈铺散状，表面疏生柔毛。基生叶有叶柄，小叶 3—7 对；茎生叶有小叶 3—5 对。总状花序多数，生于枝顶，花小，花梗纤细，长 2—4 毫米；萼片长椭圆形，长约 2.5 毫米，边缘膜质；花瓣白色，倒卵状楔形，长约 3.5 毫米；雌蕊柱状，花柱极短。长角果线形，扁平，长 12—20 毫米，宽约 1 毫米，与果序轴近于平行排列，果序轴左右弯曲，果梗直立开展，长 3—9 毫米。种子长圆形而扁，长约 1 毫米，黄绿色，顶端有极窄的翅。花期 3—5 月，果期 4—6 月。

【原产地】欧洲。

【中国分布】辽宁、河北、河南、陕西、甘肃、福建、江苏、安徽、浙江、四川、云南等。

【秦岭分布】秦岭南北坡普遍分布。

【生境】生于田边、河滩、路旁及草地。

【主要危害】入侵性较弱，未形成明显危害。

【经济价值】全草可供药用。

二行芥

Diplotaxis muralis (L.) DC.
双趋芥
十字花科（Brassicaceae Burnett）二行芥属（*Diplotaxis* DC.）

【主要形态特征】一年生或二年生草本，高 10—50 厘米。茎多数，上升，有水平或逆向伸展硬毛。基生叶莲座状，长 5—10 厘米，宽 5—20 毫米，大头羽裂；叶柄长达 3 厘米；上部叶有短柄，长圆形；所有叶两面或下面有硬毛或无毛。总状花序具多数花，果期延长；萼片长圆形，长 3—4 毫米；花瓣黄色，后成褐紫色，倒卵形，长 6—8 毫米，具短爪。长角果长圆形，长 2—4 厘米，直立开展，扁压，果瓣无毛，有显明中脉，喙圆柱形，长约 1 毫米；果梗长 1—1.5 厘米；种子椭圆形，长约 1 毫米，黄褐色。花果期 6—7 月。

【原产地】欧洲。

【中国分布】辽宁、陕西。

【秦岭分布】宝鸡。

【生境】生于河滩泥沙地。

【主要危害】入侵性较弱，未形成明显危害。

肥皂草

Saponaria officinalis L.
石碱花
石竹科（Caryophyllaceae Juss.）肥皂草属（*Saponaria* L.）

【主要形态特征】多年生草本，高 30—70 厘米。主根肥厚；根茎细、多分枝。茎直立。叶片椭圆形或椭圆状披针形，长 5—10 厘米，宽 2—4 厘米，基部渐狭成短柄状，具 3 或 5 基出脉。聚伞圆锥花序；苞片披针形，边缘和中脉被稀疏短粗毛；花梗长 3—8 毫米，被稀疏短毛；花萼筒状，长 18—20 毫米，绿色，有时暗紫色，初期被毛，纵脉 20 条，不明显，萼齿宽卵形，具凸尖；雌雄蕊柄长约 1 毫米；花瓣白色或淡红色，爪狭长，瓣片楔状倒卵形，长 10—15 毫米，顶端微凹缺；副花冠片线形；雄蕊和花柱外露。蒴果长圆状卵形；种子圆肾形。花期 6—9 月。

【原产地】西亚和欧洲。

【中国分布】全国城市公园栽培供观赏，在大连、青岛等城市常逸为野生。

【秦岭分布】秦岭北坡有栽培，偶有逸生。

【生境】生于路边荒地。

【主要危害】入侵性较弱，未形成明显危害。

【经济价值】根可供药用。

Fl

Fr

H

尾穗苋

Amaranthus caudatus L.

老枪谷、籽粒苋

苋科（Amaranthaceae Juss.）苋属（*Amaranthus* L.）

【主要形态特征】一年生草本，高 1.5 米。茎直立，具钝棱角，单一或稍分枝，绿色，或常带粉红色。叶片菱状卵形或菱状披针形，长 4—15 厘米，宽 2—8 厘米，顶端短渐尖或圆钝，具凸尖；叶柄疏生柔毛，通常淡红色。圆锥花序顶生，下垂，有多数分枝，中央分枝特长，花密集成雌花和雄花混生的花簇；苞片及小苞片披针形，长 3 毫米，红色，透明，顶端尾尖，边缘有疏齿，背面有 1 中脉；花被片长 2—2.5 毫米，红色，透明，顶端具凸尖，有 1 中脉。胞果近球形，直径 3 毫米，上半部红色。种子近球形，淡棕黄色，有厚的环。花期 8—9 月，果期 9—10 月。

【原产地】南美洲。

【中国分布】全国各地广泛栽培，有时逸为野生。

【秦岭分布】秦岭南北坡均有栽培，偶有逸生。

【生境】生于农田内或路边荒废场所。

【主要危害】入侵性较弱，未形成明显危害。

【经济价值】根可供药用。

老鸦谷

Amaranthus cruentus L.
西天谷、天雪米、繁穗苋
苋科（Amaranthaceae Juss.）苋属（Amaranthus L.）

【主要形态特征】一年生草本，高 1—2 米。茎直立、单一或分枝，具钝棱，几无毛。叶卵状矩圆形或卵状披针形，长 4—13 厘米，宽 2—5.5 厘米，顶端锐尖或圆钝，具小芒尖，基部楔形。花单性或杂性，圆锥花序腋生和顶生，由多数穗状花序组成，直立，后来下垂；苞片和小苞片钻形，绿色或紫色，背部中肋突出顶端成长芒；花被片膜质，绿色或紫色，顶端有短芒；雄蕊比花被片稍长。胞果卵形，盖裂，和宿存花被等长。

【原产地】中美洲。

【中国分布】全国各地栽培或野生。

【秦岭分布】秦岭南北坡均有栽培，偶有逸生。

【生境】生于农田内或路边荒废场所。

【主要危害】入侵性较弱，未形成明显危害。

【经济价值】栽培供观赏。茎叶可作蔬菜；种子为粮食作物，食用或酿酒。

苋

Amaranthus tricolor L.

三色苋、老来少、老少年、雁来红

苋科（Amaranthaceae Juss.）苋属（*Amaranthus* L.）

【主要形态特征】一年生草本，高 80—150 厘米。茎粗壮，具条棱，绿色或红色，常分枝。叶片卵形至宽卵形，长 4—10 厘米，宽 2—7 厘米，绿色或常成红色，紫色或黄色，或部分绿色加杂其他颜色。花簇腋生，或同时具顶生花簇，成下垂的穗状花序；雄花和雌花混生；苞片及小苞片透明，顶端有 1 长芒尖；花被片矩圆形，长 3—4 毫米，绿色或黄绿色，顶端有 1 长芒尖。胞果卵状矩圆形，长 2—2.5 毫米，环状横裂，包裹在宿存花被片内。种子近圆形或倒卵形，直径约 1 毫米，黑色或黑棕色，边缘钝。花期 5—8 月，果期 7—9 月。

【原产地】印度。

【中国分布】全国各地均有栽培，有时逸为半野生。

【秦岭分布】秦岭南北坡均有栽培，时有逸生。

【生境】生于旷地或园圃。

【主要危害】常见杂草，入侵性较弱，未形成明显危害。

【经济价值】根、果实及全草可供药用。

鸡冠花

Celosia cristata L.
老来红
苋科（Amaranthaceae Juss.）青葙属（*Celosia* L.）

【主要形态特征】一年生草本，高 0.3—1 米。全体无毛；茎直立，有分枝，绿色或红色，具显明条纹。叶片卵形，卵状披针形或披针形，长 5—8 厘米，宽 2—6 厘米，绿色常带红色，顶端急尖或渐尖，具小芒尖，基部渐狭；叶柄长 2—15 毫米，或无叶柄。穗状花序多分枝呈鸡冠状、卷冠状或羽毛状；花被片披针形，长约 8—10 毫米，干膜质，花被红色、紫色、黄色、橙色或红色黄色相间；种子数颗，扁球形，黑色，光亮。花期 7—9 月。

【原产地】热带美洲。

【中国分布】全国南北各地均有栽培。

【秦岭分布】秦岭南北坡均有栽培，偶有逸生。

【生境】生于平原、田边、丘陵、山坡。

【主要危害】入侵性弱，未形成明显危害。

【经济价值】种子可供药用。

杂配藜

Chenopodiastrum hybridum (L.) S. Fuentes, Uotila & Borsch
血见愁、大叶藜
苋科 (Amaranthaceae Juss.) 麻叶藜属 (*Chenopodiastrum* L.)

【主要形态特征】一年生草本，高可达 120 厘米。茎直立，粗壮，具淡黄色或紫色条棱，上部有疏分枝。叶片宽卵形至卵状三角形，长 6—15 厘米，宽 5—13 厘米，两面均呈亮绿色，先端急尖或渐尖，基部圆形、截形或略呈心形，边缘掌状浅裂；裂片 2—3 对，不等大，轮廓略呈五角形，先端通常锐；上部叶较小，叶片多呈三角状戟形。花两性兼有雌性，通常数个团集，在分枝上排列成开散的圆锥状花序；花被裂片 5，狭卵形，边缘膜质；雄蕊 5。胞果双凸镜状；果皮膜质，有白色斑点。种子横生，与胞果同形，表面具明显的圆形深洼或呈凹凸不平。花果期 7—9 月。

【原产地】欧洲和西亚。

【中国分布】黑龙江、吉林、辽宁、陕西、宁夏、甘肃、四川、云南、青海、西藏、新疆。

【秦岭分布】产秦岭北坡陕西的华县、眉县、凤县和甘肃的天水等地。

【生境】生于林缘、山坡灌丛间、沟沿等处。

【主要危害】入侵性较弱，未形成明显危害。

【经济价值】全草可供药用。

杖藜

Chenopodium giganteum D. Don
红盐菜
苋科 (Amaranthaceae Juss.) 藜属 (*Chenopodium* L.)

【主要形态特征】一年生草本，高达 3 米。茎直立，粗壮，具条棱及绿色或紫红色色条，上部多分枝，幼嫩时顶端的嫩叶有彩色密粉而现紫红色。叶片菱形至卵形，长可达 20 厘米，宽可达 16 厘米，先端通常钝，基部宽楔形，上面深绿色，无粉，下面浅绿色，有粉或老后无粉，上部分枝上的叶片渐小，有齿或全缘。花序为顶生大型圆锥状花序，多粉，果期常下垂；花在花序中数个团集或单生；花被裂片 5，卵形，绿色或暗紫红色，边缘膜质；雄蕊 5。胞果双凸镜形，果皮膜质。种子黑色或红黑色，表面具浅网纹。花期 8 月，果期 9—10 月。

【原产地】印度。

【中国分布】甘肃、陕西、辽宁、河南、湖南、湖北、贵州、四川、云南、广西等。

【秦岭分布】太白、略阳等有栽培，北坡农田偶有逸生。

【生境】生于山坡路旁、宅旁及荒芜场所。

【主要危害】入侵性弱，未造成明显危害。

【经济价值】嫩苗可作蔬菜，种子可代粮食用。

千日红

Gomphrena globosa L.
火球花、百日红
苋科（Amaranthaceae Juss.）千日红属（*Gomphrena* L.）

【主要形态特征】一年生直立草本，高 20—60 厘米。茎粗壮，有分枝，枝略成四棱形，有灰色糙毛。叶片纸质，长椭圆形或矩圆状倒卵形，长 3.5—13 厘米，宽 1.5—5 厘米，两面有小斑点、白色长柔毛及缘毛。花多数，密生，成顶生球形或矩圆形头状花序，常紫红色，有时淡紫色或白色；总苞为 2 绿色对生叶状苞片而成，两面有灰色长柔毛；花被片披针形，长 5—6 毫米，不展开，顶端渐尖，外面密生白色绵毛；雄蕊花丝连合成管状，顶端 5 浅裂，花药生在裂片的内面；花柱比雄蕊管短，柱头 2。胞果近球形，直径 2—2.5 毫米。种子肾形，棕色，光亮。花果期 6—9 月。

【原产地】热带美洲。

【中国分布】全国南北各省均有栽培。

【秦岭分布】秦岭南北坡普遍栽培，偶有逸生。

【生境】生于路边荒地。

【主要危害】入侵性弱，未形成明显危害。

【经济价值】花序可供药用。

土人参

Talinum paniculatum (Jacq.) Gaertn.

栌兰、土高丽参、土洋参

土人参科 (Talinaceae Doweld) 土人参属（*Talinum* Adans.）

【主要形态特征】一年生至多年生草本，高 30—100 厘米。主根粗壮，圆锥形，有少数分枝。茎直立，肉质，基部近木质，多少分枝，圆柱形，有时具槽。叶互生或近对生，叶片稍肉质，长 5—10 厘米，宽 2.5—5 厘米，顶端急尖，有时微凹，具短尖头。圆锥花序顶生或腋生，总苞片绿色或近红色，圆形，顶端圆钝，长 3—4 毫米；苞片 2，膜质，披针形；萼片卵形，紫红色，早落；花瓣粉红色或淡紫红色，长 6—12 毫米，顶端圆钝，稀微凹；雄蕊 10—20，比花瓣短；花柱线形，基部具关节；柱头 3 裂。蒴果近球形，直径约 4 毫米，3 瓣裂；种子多数。花期 6—8 月，果期 9—11 月。

【原产地】热带美洲、美国西南部以及西印度群岛。

【中国分布】全国中部和南部均有栽植或者逸为野生；华北地区少见栽培，偶有逸生但无法形成稳定居群。

【秦岭分布】秦岭南坡陕西的城固、太白、安康和甘肃的文县等有栽培。

【生境】生于村庄房前屋后、墙角等。

【主要危害】自播性强，但危害性较弱，未形成明显危害。

【经济价值】根可供药用。

大花马齿苋

Portulaca grandiflora Hook.
半支莲、松叶牡丹、太阳花、午时花
马齿苋科 (Portulacaceae Juss.) 马齿苋属（*Portulaca* L.）

【主要形态特征】一年生草本，高 10—30 厘米。茎平卧或斜升，紫红色，多分枝，节上丛生毛。叶密集枝端，较下的叶分开，不规则互生，叶片细圆柱形，长 1—2.5 厘米，直径 2—3 毫米，顶端圆钝；叶腋常生一撮白色长柔毛。花单生或数朵簇生，直径 2.5—4 厘米；总苞 8—9 片，叶状，轮生，具白色长柔毛；萼片 2，淡黄绿色，顶端急尖；花瓣 5 或重瓣，倒卵形，顶端微凹，长 12—30 毫米，红色、紫色或黄白色；雄蕊多数，长 5—8 毫米，花丝紫色，基部合生；花柱与雄蕊近等长，柱头 5—9 裂。蒴果近椭圆形，盖裂；种子细小，多数。花期 6—9 月，果期 8—11 月。

【原产地】巴西、阿根廷、乌拉圭。

【中国分布】全国公园、花圃常有栽培。

【秦岭分布】秦岭广泛栽培，偶有逸生。

【生境】生于村庄路边。

【主要危害】生长较慢，入侵性较弱，未形成明显危害。

【经济价值】全草可供药用。

Fr

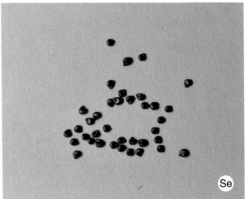

Se

H

梨果仙人掌

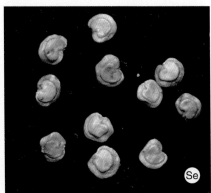

【主要形态特征】肉质灌木或小乔木，高 1.5—5 米。有时基部具圆柱状主干；分枝多数，淡绿色至灰绿色，表面平坦，无毛，具多数圆形至椭圆形小窠，通常无刺。叶锥形，长 3—4 毫米，绿色，早落。花辐状，直径 7—8 厘米；萼状花被片深黄色或橙黄色；瓣状花被片深黄色、橙黄色或橙红色，倒卵形至长圆状倒卵形，长 2.5—3.5 厘米，宽 1.5—2 厘米。浆果椭圆球形至梨形，长 5—10 厘米，直径 4—9 厘米，顶端凹陷，表面平滑无毛，每侧有 25—35 个小窠，小窠有少数倒刺刚毛，无刺或有少数细刺。种子多数，肾状椭圆形。花期 5—6 月。

【原产地】墨西哥。

【中国分布】分布于广东、广西南部和海南沿海地区，逸为野生。

【秦岭分布】秦岭的太白、略阳有分布。

【生境】生于路边。

【主要危害】生长缓慢，入侵性弱，未形成明显危害。

【经济价值】茎供药用，浆果酸甜可食。

凤仙花

Impatiens balsamina L.
急性子、指甲草
凤仙花科（Balsaminaceae A. Rich.）凤仙花属（*Impatiens* L.）

【主要形态特征】一年生草本。高 60—100 厘米。叶互生或有时对生；叶片披针形、狭椭圆形或倒披针形，长 4—12 厘米；叶柄长 1—3 厘米。花单生或 2—3 朵簇生，白色、粉红色或紫色；苞片线形；萼片卵形或卵状披针形，唇瓣深舟状，基部成内弯的距；旗瓣圆形，翼瓣具短柄；雄蕊 5；子房纺锤形。蒴果宽纺锤形，密被柔毛。种子圆球形，黑褐色。花期 7—10 月。

【原产地】南亚至东南亚。

【中国分布】全国各地庭院广泛栽培。

【秦岭分布】秦岭南北常有栽培，偶有逸生。

【生境】生于村庄路边。

【主要危害】入侵性弱，未形成明显危害。

【经济价值】茎及种子可供药用。

橙红茑萝

Ipomoea cholulensis Kunth
圆叶茑萝
旋花科（Convolvulaceae Juss.）番薯属（*Ipomoea* L.）

【主要形态特征】一年生草本。叶心形，全缘，叶脉掌状；叶柄与叶片近等长。聚伞花序腋生，具花3—6朵，总花梗细弱，有2苞片，小苞片2；萼片5，卵状长圆形，有长芒尖；花冠高脚碟状，橙红色，长达8—25毫米，冠檐5深裂；雄蕊5，显露于花冠之外，花丝基部肿大，花药小；雌蕊稍长于雄蕊；子房4室，每室1胚珠；柱头头状，2裂。蒴果小，球形。种子卵圆形，或球形。花期6—8月下旬，果熟期8—10月。

【原产地】南美洲。

【中国分布】全国各地均有栽培。

【秦岭分布】秦岭南北坡均有栽培，偶有逸生。

【生境】生于山坡和路旁。

【主要危害】入侵性弱，未形成明显危害。

【经济价值】该种植物适合地栽，作为篱墙、棚架的垂直绿化材料。

茑萝

Ipomoea quamoclit L.
茑萝松、锦屏封、金丝线
旋花科（Convolvulaceae Juss.）番薯属（*Ipomoea* L.）

【主要形态特征】一年生缠绕草本。茎无毛。叶卵形或长圆形，长 2—10 厘米，羽状深裂至中脉成线形至丝状的平展的细裂片；叶柄长 8—40 毫米。聚伞花序具少数花；总花梗长 1.5—10 厘米，花柄在果时增厚成棒状；萼片椭圆形至长圆状匙形，先端钝而具小凸尖；花冠高脚碟状，深红色，5 浅裂；雄蕊及花柱伸出；子房无毛。蒴果卵形，4 瓣裂。种子卵状长圆形，黑褐色。

【原产地】热带美洲。

【中国分布】全国广泛栽培，偶有逸生。

【秦岭分布】秦岭南北坡均有栽培，偶有逸生。

【生境】生于田野、路旁杂草地上。

【主要危害】入侵性弱，未形成明显危害。

【经济价值】为美丽的庭院观赏植物，亦可供药用。

L

Fl

Fl

Fr

蚊母草

Veronica peregrina L.
仙桃草、水蓑衣
车前科（Plantaginaceae Juss.）婆婆纳属（*Veronica* L.）

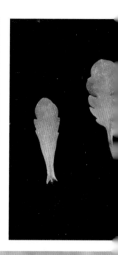

【主要形态特征】一年生草本。株高 10—25 厘米，无毛或疏生柔毛。叶无柄，下部的倒披针形，上部的长矩圆形，长 1—2 厘米，全缘或中上端有锯齿。总状花序；苞片与叶同形；花梗极短；花萼裂片长矩圆形至宽条形，长 3—4 毫米；花冠白色或浅蓝色，裂片长矩圆形至卵形；雄蕊较花冠短。蒴果倒心形，侧扁，长 3—4 毫米。种子矩圆形。

【原产地】北美洲。

【中国分布】分布于东北、华东、华中、西南各省区。

【秦岭分布】渭河南岸的西安等地有分布。

【生境】生于潮湿的荒地、路边。

【主要危害】入侵性较弱，未形成明显危害。

【经济价值】带虫瘿的全草可供药用。

琉璃苣

Borago officinalis L.
黄瓜草、玻璃苣、紫花草
紫草科（Boraginaceae Juss.）琉璃苣属（*Borago* L.）

【主要形态特征】一年生草本芳香植物。全株密生粗毛，株高 60—100 厘米。茎直中空有棱，近圆形。单叶互生，卵形，叶长 12—20 厘米，宽 2—12 厘米。聚伞花序，深蓝色，有黄瓜香味，花冠 5 瓣，雌雄同花，雄蕊鲜黄色，5 枚。每花有种子 1—4 粒，种子黑色，长圆形小坚果。

【原产地】东地中海地区。

【中国分布】甘肃、辽宁、陕西、广东。

【秦岭分布】长安。

【生境】生于农田、荒地。

【主要危害】入侵性弱，未形成明显危害。

【经济价值】花色美丽，可供观赏；也可供食用、药用。

聚合草

Symphytum officinale L.
爱国草、友谊草、肥羊草
紫草科（Boraginaceae Juss.）聚合草属（*Symphytum* L.）

【主要形态特征】多年生草本。茎高 30—90 厘米，被硬毛和短伏毛。基生叶多，具长柄，叶片带状披针形、卵状披针形至卵形，长 30—60 厘米；茎中上部叶较小。蝎尾状花序含多花；花萼裂片披针形；花冠长 14—15 毫米，淡紫色、紫红色至黄白色，裂片三角形；花药长约 3.5 毫米，花丝长约 3 毫米。小坚果歪卵形，长 3—4 毫米，黑色。花期 5—10 月。

【原产地】欧洲。

【中国分布】全国各地均有栽培。

【秦岭分布】秦岭南北坡普遍栽培，时有逸生。

【生境】生于农田或荒山、河边路旁。

【主要危害】在部分地区逸为野生，入侵性弱，未形成明显危害。

【经济价值】茎叶可作家畜青饲料。根茎可供药用。

矢车菊

Centaurea cyanus L.
蓝芙蓉
菊科（Asteraceae Bercht. & J. Presl）矢车菊属（*Centaurea* L.）

【主要形态特征】一年生或二年生草本，直立，自中部分枝，极少不分枝。全部茎枝被薄蛛丝状卷毛。基生叶及下部茎叶长椭圆状倒披针形或披针形。中部茎叶线形、宽线形或线状披针形；上部茎叶与中部茎叶同形，但渐小。全部茎叶两面异色或近异色，上面绿色或灰绿色，被稀疏蛛丝毛或脱毛，下面灰白色，被薄绒毛。瘦果椭圆形，有细条纹，被稀疏的白色柔毛。冠毛白色或浅土红色，2 列；全部冠毛刚毛毛状。花果期 2—8 月。

【原产地】欧洲。

【中国分布】新疆、青海、甘肃、陕西、河北、山东、江苏、广东及西藏等。

【秦岭分布】秦岭南北坡均有栽培，偶有逸生。

【生境】生于路旁、庭院、山坡荒地等。

【主要危害】一般性杂草，入侵性弱，未形成明显入侵。

【经济价值】园林栽培供观赏，也可作切花。

菊苣

Cichorium intybus L.
欧洲菊苣
菊科（Asteraceae Bercht. & J. Presl）菊苣属（*Cichorium* L.）

【主要形态特征】多年生草本。茎直立，单生，分枝开展或极开展，有条棱，被极稀疏的长而弯曲的毛或无毛。基生叶莲座状，花期生存，倒披针状长椭圆形。茎生叶小，卵状倒披针形至披针形，无柄，基部圆形或戟形扩大半抱茎。全部叶膜质，两面被稀疏的多细胞长节毛。头状花序多数，单生或数个集生于茎顶或枝端，或 2—8 个为一组沿花枝排列成穗状花序。总苞圆柱状；总苞片 2 层。舌状小花蓝色，有色斑。瘦果倒卵状、椭圆状或倒楔形。冠毛极短，2—3 层，膜片状。花果期 5—10 月。

【原产地】欧洲、中亚、西亚、北非。

【中国分布】北京、河北、河南、山东、台湾、黑龙江、辽宁、山西、陕西、新疆。

【秦岭分布】秦岭北坡有栽培，有时有逸生。

【生境】生于荒地、河边、水沟边。

【主要危害】入侵性弱，未形成明显危害。

【经济价值】根含菊糖及芳香族物质，可提制代用咖啡，促进人体消化器官活动。

大花金鸡菊

Coreopsis grandiflora Hogg ex Sweet
大花波斯菊
菊科（Asteraceae Bercht. & J. Presl）金鸡菊属（*Coreopsis* L.）

【主要形态特征】多年生草本。茎直立，下部常有稀疏的糙毛，上部有分枝。叶对生；基部叶有长柄，披针形或匙形；下部叶羽状全裂，裂片长圆形；中部及上部叶 3—5 深裂，裂片线形或披针形。头状花序单生于枝端，具长花序梗。总苞片外层较短，披针形，有缘毛；内层卵形或卵状披针形。舌状花 6—10 个，舌片宽大，黄色；管状花两性。瘦果广椭圆形或近圆形，边缘具膜质宽翅。花期 5—9 月。

【原产地】美国。

【中国分布】全国各地均有栽培。

【秦岭分布】秦岭南北坡均有栽培，有时有逸生。

【生境】生于路边荒地。

【主要危害】入侵性弱，未形成明显危害。

【经济价值】可用作切花或地被，还可用于高速公路绿化，有固土护坡作用，而且成本低。

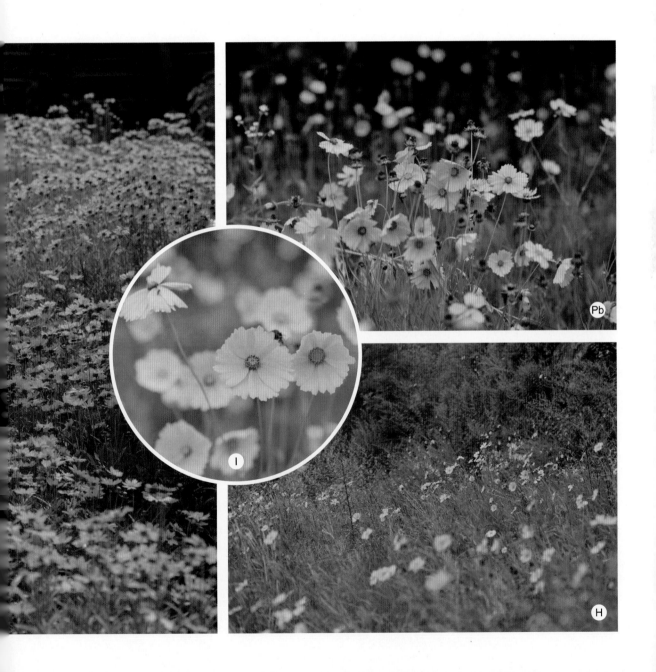

黄秋英

Cosmos sulphureus Cav.
硫磺菊、硫华菊
菊科（Asteraceae Bercht. & J. Presl）秋英属（*Cosmos* Cav.）

【主要形态特征】一年生草本。丛生、多分枝。叶对生，二回羽状复叶，深裂，裂片呈披针形，有短尖，叶缘粗糙，与大波斯菊相比叶片更宽。头状花序着生于枝顶，舌状花，有单瓣和重瓣两种，直径 3—5 厘米，花色多为黄、金黄、橙色、红色等，盘心管状花呈黄色至褐红色。果实为瘦果，有糙硬毛，顶端有细长喙，棕褐色，长 1.8—2.5 厘米。春播花期 6—8 月，夏播花期 9—10 月。

【原产地】墨西哥。

【中国分布】全国各地庭院、园林有栽培，常有逸生。

【秦岭分布】秦岭庭院常见栽培，时有逸生。

【生境】生于村庄荒地路边。

【主要危害】常有逸生，但是其繁殖能力较弱，未形成明显危害。

【经济价值】园林栽培供观赏。

天人菊

Gaillardia pulchella Foug.
老虎皮菊、虎皮菊
菊科（Asteraceae Bercht. & J. Presl）天人菊属（*Gaillardia* Foug.）

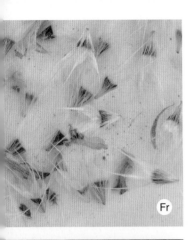

【主要形态特征】一年生草本。茎中部以上多分枝，被短柔毛或锈色毛。下部叶匙形或倒披针形，边缘波状钝齿、浅裂至琴状分裂；上部叶长椭圆形，倒披针形或匙形，全缘或上部有疏锯齿或中部以上 3 浅裂，基部无柄或心形半抱茎，叶两面被伏毛。总苞片披针形，边缘有长缘毛，背面有腺点，基部密被长柔毛。舌状花黄色，基部带紫色，舌片宽楔形；管状花裂片三角形，顶端渐尖成芒状，被节毛。瘦果长 2 毫米，基部被长柔毛。花果期 6—8 月。

【原产地】美洲。

【中国分布】全国各地均有栽培。

【秦岭分布】秦岭北坡有栽培，太白有逸生。

【生境】生于路边荒地。

【主要危害】对其他植物有一定化感作用，入侵性弱，未形成明显危害。

【经济价值】常作庭园栽培，供观赏。适合作花坛和花丛的养殖花卉。

菊芋

Helianthus tuberosus L.

鬼子姜、番羌、洋羌、五星草、菊诸、洋姜、芋头

菊科（Asteraceae Bercht.& J.Presl）向日葵属（*Helianthus* L.）

【主要形态特征】多年生草本。有块状的地下茎及纤维状根。茎直立，被白色短糙毛或刚毛。叶通常对生，有叶柄，但上部叶互生；下部叶卵圆形或卵状椭圆形，有长柄，基部宽楔形或圆形，有离基三出脉，上面被白色短粗毛、下面被柔毛；上部叶长椭圆形至阔披针形，基部渐狭，下延成短翅状。头状花序较大，单生于枝端，有1—2个线状披针形的苞叶。舌状花舌片黄色，开展，长椭圆形；管状花花冠黄色。瘦果小，楔形。花期8—9月。

【原产地】北美洲。

【中国分布】全国各地均有栽培。

【秦岭分布】秦岭南北坡均有栽培，时有逸生。

【生境】生于山坡、路旁、宅旁。

【主要危害】根系发达，繁殖力强，可成为一种多年生宿根性杂草，但入侵性弱，未形成明显危害。

【经济价值】块茎可供食用，也可作饲料；花可供观赏。

滨菊

【主要形态特征】多年生草本。高15—80厘米。茎直立，通常不分枝，被绒毛或卷毛至无毛。基生叶花期生存，长椭圆形、倒披针形、倒卵形或卵形，长3—8厘米，宽1.5—2.5厘米，基部楔形，渐狭成长柄，柄长于叶片自身，边缘圆或钝锯齿。中下部茎叶长椭圆形或线状长椭圆形，向基部收窄，耳状或近耳状扩大半抱茎，中部以下或近基部有时羽状浅裂。上部叶渐小，有时羽状全裂。全部叶两面无毛，腺点不明显。头状花序单生茎顶，有长花梗，或茎生2—5个头状花序，排成疏松伞房状。总苞径10—20毫米。全部苞片无毛，边缘白色或褐色膜质。舌片长10—25毫米。瘦果长2—3毫米，无冠毛或舌状花瘦果有长达0.4毫米的侧缘冠齿。花果期5—10月。

【原产地】欧洲、亚洲温带地区。

【中国分布】河北、河南、甘肃、陕西、江苏、江西、福建等地有栽培。

【秦岭分布】宁陕、太白。

【生境】生于路边荒地。

【主要危害】入侵性弱，未形成明显性危害。

【经济价值】花大，色白，具有很好的观赏性。

黑心金光菊

Rudbeckia hirta L.
黑心菊、黑眼菊
菊科（Asteraceae Bercht. & J.Presl）金光菊属（*Rudbeckia* L.

【主要形态特征】一年生或二年生草本。茎不分枝或上部分枝，全株被粗刺毛。下部叶长卵圆形、长圆形或匙形，基部楔状下延，有三出脉，有具翅的柄；上部叶长圆披针形，无柄或具短柄，两面被白色密刺毛。头状花序径 5 –7 厘米，有长花序梗。总苞片外层长圆形；内层较短，披针状线形，全部被白色刺毛。花托圆锥形；托片线形，边缘有纤毛。舌状花鲜黄色；舌片长圆形，通常 10—14 个。管状花暗褐色或暗紫色。瘦果四棱形，黑褐色。

【原产地】北美洲。

【中国分布】全国各地常见栽培。

【秦岭分布】秦岭南北坡均有栽培，时有逸生。

【生境】生于路旁、庭院、山坡荒地等。

【主要危害】入侵性弱，未形成明显危害。

【经济价值】园林栽培供观赏。

Bl

In

H

串叶松香草

Silphium perfoliatum L.
松香草
菊科（Asteraceae Bercht. & J. Presl）松香草属（*Silphium* L.

【主要形态特征】多年生草本。根系发达粗壮，支根多。播种当年植株仅形成基部叶丛，翌年才形成直立茎。茎呈方形或菱形，幼嫩时有稀疏白色刺毛，随着植株生长变为光滑无毛。茎实心。叶色深绿，叶片宽大，呈长椭圆形；叶面皱缩，叶缘有缺刻，叶面及叶缘有稀疏的刚毛，基生叶有柄，茎生叶无柄，对生。头状花序，似菊芋花序，花盘直径2—3厘米。种子为心脏形瘦果，扁平，边缘有薄翅，似榆钱。

【原产地】北美洲。

【中国分布】全国各地常见栽培。

【秦岭分布】秦岭长安、略阳有栽培，偶有逸生。

【生境】生于沟坡地、撂荒地。

【主要危害】大量喂猪会引起中毒，入侵性弱，未形成明显危害。

【经济价值】植株高大，花期长而花色美丽，具有较好的观赏性。

万寿菊

Tagetes erecta L.
孔雀菊、臭菊花、臭芙蓉
菊科（Asteraceae Bercht. & J.Presl）万寿菊属（*Tagetes* L.）

【主要形态特征】一年生草本。茎直立，具纵细条棱。叶羽状分裂，裂片长椭圆形或披针形，边缘具锐锯齿；沿叶缘有少数腺体。头状花序单生，花序梗顶端棍棒状膨大；总苞杯状，顶端具齿尖；舌状花黄色或暗橙色；舌片倒卵形；管状花花冠黄色，顶端具 5 齿裂。瘦果线形，黑色或褐色，被短微毛。花期 7—9 月。

【原产地】北美洲。

【中国分布】全国各地均有栽培或逸生。

【秦岭分布】秦岭南北坡均有栽培，偶有逸生。

【生境】生于路旁、庭院、山坡荒地等。

【主要危害】入侵性弱，未形成明显危害。

【经济价值】栽培供观赏。

L

Fr

I

百日菊

Zinnia elegans Jacq.
步步高、节节高、鱼尾菊
菊科（Asteraceae Bercht. & J. Presl）百日菊属（*Zinnia* L.）

【主要形态特征】一年生草本。茎直立，被糙毛或长硬毛。叶宽卵圆形或长圆状椭圆形，基部稍心形抱茎，两面粗糙，下面被密的短糙毛，基出三脉。头状花序单生枝端。总苞宽钟状；总苞片多层，宽卵形或卵状椭圆形。托片上端有延伸的附片；附片紫红色，流苏状三角形。舌状花深红色、玫瑰色、紫堇色或白色，舌片倒卵圆形，上面被短毛，下面被长柔毛。管状花黄色或橙色。雌花瘦果倒卵圆形，扁平，被密毛；管状花瘦果倒卵状楔形，极扁，被疏毛，顶端有短齿。花期6—9月，果期7—10月。

【原产地】墨西哥。

【中国分布】全国各地广泛栽培。

【秦岭分布】秦岭南北坡均有栽培，偶见逸生。

【生境】生于路旁、庭院、山坡荒地等。

【主要危害】入侵性弱，未形成明显危害。

【经济价值】著名的观赏植物。

多花百日菊

Zinnia peruviana (L.) L.
山菊花、五色梅
菊科（Asteraceae Bercht. & J. Presl）百日菊属（Zinnia L.）

【主要形态特征】一年生草本。茎直立，有二歧状分枝，被粗糙毛或长柔毛。叶披针形或狭卵状披针形，基部圆形半抱茎，两面被短糙毛，三出基脉在下面稍高起。头状花序径2.5—3.8厘米，生枝端，排列成伞房状圆锥花序；花序梗膨大中空圆柱状。总苞钟状，多层，边缘稍膜质。托片先端黑褐色，钝圆形，边缘稍膜质撕裂。舌状花黄色、紫红色或红色，舌片椭圆形，全缘或先端2—3齿裂；管状花红黄色，长约5毫米，先端5裂，裂片长圆形，上面被黄褐色密茸毛。雌花瘦果狭楔形，极扁，具3棱，被密毛；管状花瘦果长圆状楔形，极扁，有1—2个芒刺，具缘毛。花期6—10月，果期7—11月。

【原产地】墨西哥。

【中国分布】全国各地常见栽培。在河北、河南、陕西、甘肃、四川、云南等地区已逸为野生。

【秦岭分布】秦岭南北坡均有栽培，商南有逸生。

【生境】生于山坡、草地或路边，海拔达 1250 米。

【主要危害】入侵性弱，未形成明显危害。

【经济价值】园林栽培供观赏。